微生物学への誘い

山中健生 著

培風館

本書の無断複写は，著作権法上での例外を除き，禁じられています。
本書を複写される場合は，その都度当社の許諾を得てください。

はじめに

　数年前から大学1年生に微生物学の講義をすることになりました。まず考えたことは，高等学校で生物学を学んだ者も学ばなかった者も楽しく理解できる内容にしたいということでありました。そのためには，もちろん，あまり難しいことを教えようとしてもだめだということです。しかし，微生物学の真髄は教えなければなりません。つまり，①「微生物の世界は真核(微)生物と原核生物(正確には真正細菌と古細菌)が混生している世界である」②「微生物とくに細菌には多様な環境で生育できるものがあり，工夫をすれば大量に増やすことができる」③「物を造ったり分解したりするためにそれらを利用できる」また，④「それらが地球環境と深くかかわっている」ことなどを，学生諸君に知ってもらう必要があります。さらに重要なことに，15回の授業で全部を消化しなければなりません。そんなことを考えながら書いてみましたところ，微生物の培養方法や微生物が生きていくためのエネルギーの獲得の仕方などの記述が，全体のボリュームに比較して多くなったかと思います。

　私は若い頃，進化生化学の研究をするため色々な微生物を培養する機会に恵まれました。その経験から，微生物を扱うには先ずそれらを自分で培養してみることが大事であることを痛感しています。微生物のもっている酵素やタンパク質を研究するにしても，その酵素やタンパク質を取り出すのに使った微生物がどのような条件下で生きていたかということを知らないと，それらの物質の働きをよく知ることはできません。また，微生物が多様な環境で

生育できるということを理解するには，その微生物がどのようにして生命現象に必要なエネルギー，つまり ATP をつくり出しているかを知ることが必要だと考え，エネルギー獲得方法について述べました．が，この部分はやや難しくなったかも知れません．

一方，昨今はやりの遺伝子工学は，重要なことではあっても，なにも微生物学の基礎というわけではなく，むしろ微生物を利用しているだけであるという立場からごく簡単に触れておきました．また，ウイルスは細胞性生物ではないのですが，微生物学の真髄を論じるには，それと細胞性生物との違いを知る必要があるということと，色々な病気の病原体になっていることなどから，これについて少し述べておきました．

最後に，微生物と環境の問題は，大変重要であるにもかかわらず，あまり関心をもたない向きもないではないように思います．そこで，下水処理施設のコンクリートを細菌が腐食することや細菌が宅地の盤膨れの原因になっていることなど最近問題になっていることがらについても触れておきました．本書の内容を習得した学生諸君が，微生物の特徴や微生物の人間社会とのかかわりについて少しでも理解を深めてくださることを願っています．

終りになりましたが，本書の刊行に大変ご尽力くださいました培風館の米田耕一郎氏と小野泰子さんに心から感謝します．

2001 年 1 月　山中健生

目　　次

第1章　微生物の世界────────────────────────[1-8]
　1.1　微生物とは …………………………………………………………　1
　1.2　顕微鏡の発明と生物の自然発生説 ………………………………　5
　1.3　病気と微生物 ………………………………………………………　7
　1.4　地球環境と微生物 …………………………………………………　8

第2章　微生物の取り扱い方──────────────────[9-24]
　2.1　培　　養 ……………………………………………………………　9
　　細菌／カビ，酵母，キノコ／藻類／原生動物／リケッチア／ウイルス
　2.2　植付け ………………………………………………………………　17
　2.3　単　　離 ……………………………………………………………　19
　2.4　微生物の連続培養 …………………………………………………　20
　2.5　滅　菌（殺菌，消毒） ……………………………………………　21
　2.6　染色法 ………………………………………………………………　22
　　生体染色法／固定染色法／グラム染色法

第3章　微生物の細胞構造────────────────────[25-39]
　3.1　細菌と真核微生物 …………………………………………………　25
　　真正細菌と古細菌／真核微生物
　3.2　真正細菌の細胞 ……………………………………………………　31
　　細胞壁／抗生物質の作用の仕方—真核生物と細菌の違い—／細胞小器官／鞭毛

第4章　真核微生物の形と特徴─────────────────[41-50]
　4.1　光合成真核微生物（藻類） ………………………………………　41

4.2 原生動物 ……………………………………………………………… 41
4.3 カ　ビ ………………………………………………………………… 44
4.4 酵　母 ………………………………………………………………… 47
4.5 キノコ ………………………………………………………………… 48
4.6 地　衣 ………………………………………………………………… 48

第5章　細菌の形─────────────────────────[51-54]

第6章　エネルギーの獲得方法───────────────────[55-66]
6.1 酸素を発生する光合成微生物 ………………………………………… 57
6.2 独立栄養光合成細菌 …………………………………………………… 60
6.3 従属栄養光合成細菌 …………………………………………………… 62
6.4 独立栄養化学合成細菌 ………………………………………………… 62
6.5 従属栄養化学合成微生物 ……………………………………………… 64
　　有機物を O_2 で酸化する微生物／有機物を NO_3^- で酸化する微生物／
　　有機物を SO_4^{2-} で酸化する細菌／発酵

第7章　微生物の生育────────────────────────[67-71]
7.1 生育曲線 ………………………………………………………………… 67
7.2 生きている細菌数の測定 ……………………………………………… 70

第8章　細菌の分類─────────────────────────[73-80]
8.1 細菌の名称 ……………………………………………………………… 73
8.2 細菌の分類法 …………………………………………………………… 74
8.3 生理的性質による分類 ………………………………………………… 78
　　光合成細菌／グラム陰性従属栄養好気性細菌／独立栄養化学合成細菌／
　　グラム陰性任意嫌気性細菌／グラム陰性嫌気性細菌／
　　グラム陽性で胞子をつくらない細菌／グラム陽性で胞子をつくる細菌／
　　スピロヘータ／リケッチアとクラミジア／マイコプラズマ／超好熱性細菌／
　　ウイルス

第9章　光合成細菌─────────────────────────[81-84]
9.1 シアノバクテリア ……………………………………………………… 81
9.2 緑色硫黄細菌 …………………………………………………………… 82
9.3 紅色硫黄細菌 …………………………………………………………… 83

目　次　　　　　　　　　　　　　　　　　　　　　　　　　　　　v

　　9.4　紅色非硫黄細菌 ………………………………………………… 83

第10章　グラム陰性化学合成細菌 ————————————————[85-94]
　　10.1　従属栄養好気性細菌 ……………………………………………… 85
　　　Pseudomonas aeruginosa ／ *Azotobacter vinelandii* ／根粒菌／
　　　Magnetospirillum magnetotacticum ／酢酸菌／ *Neisseria gonorrhoeae*
　　10.2　独立栄養細菌 ……………………………………………………… 89
　　　硫黄酸化細菌／鉄酸化細菌／アンモニア酸化細菌／亜硝酸酸化細菌
　　10.3　任意嫌気性細菌 …………………………………………………… 91
　　　大腸菌／ *Zymomonas* 属の細菌／ *Photobacterium phosphoreum*
　　10.4　絶対嫌気性細菌 …………………………………………………… 92
　　　メタン生成細菌／硫酸還元菌

第11章　グラム陽性化学合成細菌 ————————————————[95-99]
　　11.1　胞子をつくらない細菌 …………………………………………… 95
　　　結核菌／黄色ブドウ球菌／乳酸菌
　　11.2　胞子をつくる細菌 ………………………………………………… 97
　　　内生胞子をつくる細菌／分生子をつくる細菌

第12章　ウイルス ——————————————————————[101-103]

第13章　微生物と人間（Ⅰ）—病気— ————————————[105-111]
　　13.1　糞便から伝染する病気 …………………………………………… 105
　　　腸チフス／コレラ／細菌性赤痢
　　13.2　呼気の小滴で伝染する病気 ……………………………………… 106
　　　ジフテリア／結核／ペスト／肺炎球菌による肺炎
　　13.3　直接の接触によって伝染する病気 ……………………………… 107
　　　淋疾／梅毒
　　13.4　動物に噛まれて伝染する病気 …………………………………… 108
　　13.5　普通の傷から感染する病気 ……………………………………… 108
　　　破傷風／ガス壊疽
　　13.6　リケッチアが病原体である病気 ………………………………… 109
　　13.7　クラミジアが病原体である病気 ………………………………… 109
　　13.8　カビが病原体である病気 ………………………………………… 109
　　13.9　原生動物が病原体である病気 …………………………………… 110

13.10 ウイルスが病原体である病気 …………………………………………… 110

第14章 微生物と人間（II）—利用— ────────────────[113-124]
14.1 アルコール発酵 …………………………………………………………… 113
14.2 抗生物質の製造 …………………………………………………………… 114
　　ペニシリン／ストレプトマイシン／テトラサイクリン系抗生物質／
　　クロラムフェニコール
14.3 アミノ酸の生産 …………………………………………………………… 118
14.4 バクテリアリーチング …………………………………………………… 119
14.5 パイライト中の微量の金属の濃縮 ……………………………………… 120
14.6 鉱山の湧き水の処理 ……………………………………………………… 120
14.7 遺伝子操作における利用 ………………………………………………… 121

第15章 微生物と人間（III）—環境— ────────────────[125-134]
15.1 自然界における窒素の循環 ……………………………………………… 125
　　窒素循環のあらまし／硝石の製造／ハウス内の作物が全滅した話
15.2 自然界における硫黄の循環 ……………………………………………… 129
　　硫黄循環のあらまし／湖をまもる光合成硫黄細菌／硫黄鉱床の形成／
　　暗黒の深海底で細菌が動物界を支える／細菌によるコンクリートの腐食／
　　宅地の盤膨れ

参 考 文 献 ────────────────────────────[135-136]

索　　引 ──────────────────────────────[137-156]

第 1 章　微生物の世界

1.1　微生物とは

　バクテリア（細菌）というとなにを連想しますか。結核菌，破傷風菌，大腸菌 O157 などの病原菌を思い出だすのではないでしょうか。しかし，細菌は病気の原因になるものばかりではないのです。アミノ酸やストレプトマイシンのような有用物質をつくるものもあります。さらに地球環境を護っているものもあるのです。たとえば，地球上の窒素ガス（N_2）は不変，つまりずっと N_2 のままではありません。

$$\text{窒素ガス}(N_2) \longrightarrow \text{アンモニア}(NH_3) \longrightarrow \text{亜硝酸}(HNO_2)$$
$$\longrightarrow \text{硝酸}(HNO_3) \longrightarrow \text{窒素ガス}(N_2)$$

というように変化しています。そしてこの変化に細菌が関係しているのです（10, 15 章参照）。
　カビは何をしているでしょうか。餅に生えて食べられなくするだけではありません。いろいろな有用物質をつくるのに役立っているのです。お酒をつくるときに必要なコウジは，蒸したお米にコウジ菌を生やしたものです。さらに，ペニシリンはアオカビがつくるのです。酵母もカビの仲間です。酵母は日本酒，ビール，ワインなどのアルコール飲料やパンをつくるのに必要です。

以上述べてきた細菌，カビ，酵母はいずれも微生物と呼ばれます。それらに共通するのは何でしょうか。それらは肉眼では見えず，顕微鏡を用いないと見ることができない生物たちであるということです。こういうと，君たちは「カビは肉眼でも見ることができる」というでしょう。でもそれはカビが沢山集まって塊になっているからです。やっぱりカビの1本の菌糸の幅は顕微鏡を使わないと見えないくらいの大きさです。ということで，直径1mm以下の生物が微生物と呼ばれるのです。

表1.1. 微生物の大きさの比較

微生物	長さ（μm）[a]	幅（μm）
（ウイルス）[b]	0.02–0.3	0.02–0.3
クラミジア	0.3	0.3
リケッチア	0.6	0.25
マイコプラズマ	0.7	0.175
細菌	1–30[c]	0.5–3
藻類（例，クロレラ）	5–10	5–10
原生動物		
アメーバ	15–60	15–60
ゾウリムシ	200–300	30–50

a　μ は 10^{-6}
b　ウイルスは微生物ではないが，一般に微生物学で扱われるので（　）を付けてある。
c　細菌には長さが 750 μm のものもある。

ところが，キノコも微生物の仲間です。君たちは，マツタケやシイタケは顕微鏡を使わなくても見ることができる，とまたいうでしょう。君たちのいっているのはキノコの子実体(傘)のことです。あれは，キノコが特別のとき(つまり胞子をつくるとき)につくる特別の部分であり，キノコの常の姿というか本体はカビと同じような細い糸のようなものであり，菌糸と呼ばれるものです。この菌糸もカビの菌糸と同じく沢山の細胞が縦に連なっていて，直接栄養分を全表面から吸収します。また，粘菌という生物も微生物の仲間に入れられていますが，こちらは，いわばアメーバのような小さな細胞が寄り集まって肉眼で見えるような形をとっていると考えられます。常に肉眼で見える大きさをしているものまでがなぜ微生物なのかといいますと，これも

1・1 微生物とは

細胞の全表面から直接栄養分を吸収するからです。

　再び肉眼で見えない"本当の"微生物について考えてみましょう。原生動物というのがあります。ゾウリムシやアメーバなどは名前を聞いたことがあるでしょう。そう，そのほかにテトラヒメナというのもありますし，ユーグレナというのもあります。これらは細菌と比較するとずいぶん大きいのですが，やはり顕微鏡を使わないと見ることができません。ところで，ユーグレナはこれまで述べてきたバクテリア，カビ，酵母，あるいはゾウリムシやテトラヒメナなどとは大変違っています。そう，それは光合成をすることができるのです。すなわち，光のエネルギーを生命現象に必要なエネルギーに変えることができる生物なのです。光合成をする微生物には，ほかに，クロレラ，ケイ藻などの藻類があります。いわばユーグレナは原生動物(鞭毛を使って泳ぐことができる)と藻類との橋わたしをするものです。

　このように，微生物には，細菌，カビ，酵母，キノコ，藻類，原生動物が含まれています。といいますか，大きさをそれほど気にすることなく，これらを含む世界を微生物の世界といいます。微生物というのは，多くは単細胞生物でありますが，多細胞あるいは多核細胞の生物であっても細胞の表面から有機物を吸収します。原生動物の中には，その他に個形物を取り込むことができるものもありますし，独立栄養生物でも多くは細胞表面から有機物を吸収します(その有機物がその生物の栄養分になるかどうかは別として)。

　ところで，細菌と上にあげた他の5種類の生物とでは細胞の構造が大変違います。このことについては後で述べますが，微生物の世界は，この細胞構造が違う2種類(厳密には3種類)の生物を含む世界です。この点だけを考えてみても，微生物というのは顕微鏡的サイズの生物というだけではすまされません。さらに，特に細菌というのは，非常に多様な条件下で生きているものがあります。(分子状の)酸素のないところとか，pH2という酸性のところとか，pH10というアルカリ性のところとか，さらに100℃という高温のところで生きているものなどがいるのです。また，無機物だけで生きているものもいます。このように多様な条件下で生きる細菌を含んでいるのが微生物の世界ですから，動物や植物のことを知れば微生物のことはおのずと明らかになるというわけにはいきません。

さて，以上の他に，普通の細菌よりもずっと小さく，他の生物に寄生しないと自分自身だけでは生きていけないリケッチアとクラミジアがあります。小さくて一人で生きていけないなどと侮ってはいけません。ヒトに感染して病気を引き起こすものが多数いるのです。ツツガムシ病，発疹チフス，Q熱などはリケッチアによってかかる病気ですし，トラコーマはクラミジアによってかかる結膜炎です。さらに，一人では生きていけないが，動物にも植物にも細菌にも寄生するウイルスというのがいます。これは非常に小さく，細菌を通さないろ過器を通ります（そのためよくろ過性病原体とも呼ばれます）。インフルエンザやはしか（麻疹）などの病原体，あるいはタバコモザイク病[1]の原因になるウイルスなどです。しかし，ウイルスは生物かどうかが問題になります。後で述べますように，生物を細胞からできているものとしますと，ウイルスは生物ではありません。細菌やリケッチアなどは細胞性生

表1.2. 微生物の世界

微生物	特徴	例
細菌	好気的，嫌気的，光合成的など色々な条件下で生育。	枯草菌，大腸菌，破傷風菌。
リケッチア	宿主に寄生してエネルギーをもらう。	ツツガムシ病の病原体．
クラミジア	宿主に寄生してエネルギーをもらう。	トラコーマの病原体。
カビ	菌糸で増殖．胞子をつくりこれによっても増殖。	コウジカビ，アオカビ。
酵母	菌糸はつくらない。発芽により増殖．胞子もつくる。	パン酵母，酒をつくる酵母。
キノコ	菌糸で増殖。子実体をつくり胞子によっても増殖。	シイタケ，マツタケ。
原生動物	鞭毛，繊毛で泳ぐものや原形質を変形させて動くものなどがある。	テトラヒメナ，ゾウリムシ，アメーバ，トリパノゾーマ，ユーグレナ。
藻類	O_2を出す光合成をする。	クロレラ，クラミドモナス。
（ウイルス）	RNAまたはDNAといういわば設計図だけを持って他の生物に寄生して，自己を増やすための合成系は他人のものを使う。	はしかの病原体，タバコモザイクウイルス，バクテリオファージ。

---

1) タバコモザイクウイルス（TMVと略されます）によるタバコの苗の病気です。葉にモザイク状の斑紋ができ植物全体が萎縮します。

物です。ウイルスが細胞性生物と根本的に違う点は，ウイルスは核酸としてDNAかRNAかのどちらかしかもっていませんが，細胞性生物はDNAとRNAの両方をもっているということです。

1.2　顕微鏡の発明と生物の自然発生説

　ここで微生物が見つかってきた歴史を少し振り返ってみましょう。1680年，レーウェンフック［Antony van Leeuwenhoek,(1632-1723)オランダ］が顕微鏡を作ったので，それまで何も生き物がいないと思われていた水の中などに微生物がいることが分かったのです。そのため，たとえば，肉が腐るとウジムシがわくがガーゼをかぶせておくとウジムシが発生しなくなることから，生物の自然発生説が否定されかけていたのに，顕微鏡で見るとどこにでも小さな生き物がいることが分かり，再び自然発生説がぶり返してきました。しかし，たとえば肉汁を加熱した後，空気が入らないようにしておくと顕微鏡的生物も発生しないことが明らかになり，顕微鏡を用いないと見えないような小さな生物でも自然に発生することはないということが分かったのです。ところがこれに対しては，空気を入れないから生物が生まれてこないのだ，という反論が出ました。ここに出てきたのがパストゥール[2]［Louis Pasteur(1822-1895)フランス］であります。彼は，スワンネックを付けたフラスコ（図1.1）に肉汁を入れて加熱殺菌したものは，下に曲げた細管を通って空気が肉汁に達するようにしてあるのに，肉汁中に微生物が発生しないことを示したのです。つまり，肉汁に微生物が発生するのは自然発生的に発生するのではなく，必ず外からその種となるべきものが入るからであることが証明されたのであります。

　しかしながら，今度はどのようにして地球上に生命が出現したのかが問題になりました。これに対しては，原始地球上で無機物から有機物が無生物的に合成され（化学進化），やがてある時，この有機物から生命が誕生したと考

---

[2]　パストゥールは狂犬病のワクチンの発明などでも有名ですが，酵母が発酵をするのはなぜかということを明らかにして微生物生理学の基礎を築くなど数々の輝かしい研究成果をあげました。しかし，ノーベル賞は受賞していません。ノーベル賞は1901年が第1回です。

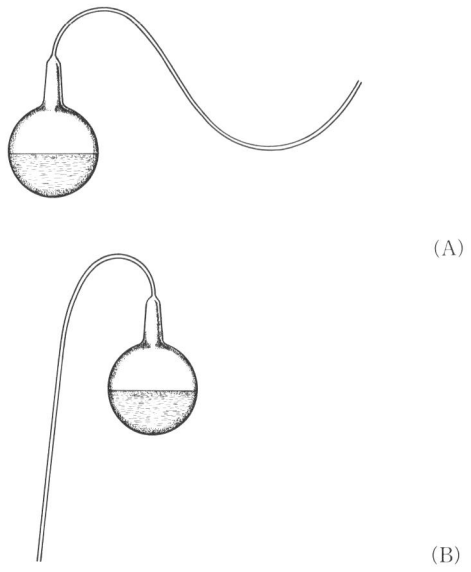

図1.1 パスツールが自然発生説を否定するために使ったスワンネックをつけたフラスコ(A) および他の形のフラスコ(B)

えられるようになりました。これは生物の自然発生とはいいません。生命の起源と呼ばれます。しかし，これはまだ実験的に証明されていません[3]。パストゥールの微生物研究に対する大きな貢献の一つは，発酵の生理的意義を明らかにしたことであります。彼は，アルコール発酵は酸素のないところで酵母が生きていくために必要な過程であることを明らかにしました。さらに，酪酸発酵をする微生物は酸素がないところでのみ生きることができることを明らかにして，嫌気性微生物というものがいることを示しました。アルコール発酵や酪酸発酵にはいずれも微生物が関係しており，これらの発酵はそれに関係している微生物が生きていくために必要な過程であることを主張するあまり，生命のないところに発酵はないといいましたが，これは彼の勇

---

[3] ユーリーとミラー(Urey, Harold & Miller, Stanley L.)が無機物から有機物をつくるところまでは実証しました(化学進化)が，そこから生命の誕生までは大きな大きなギャップがあります。

み足でした。その後，ブフナー[4][Eduard Buchner(1860-1917)ドイツ]が酵母のしぼり汁を用いてアルコール発酵の起こることを示しました。つまり，ブフナーは生命がなくても発酵が起こることを明らかにしたのであります。生命現象を分子レベルで解明しようという学問，すなわち生化学はこのブフナーの発見から始まったのです。

1.3　病気と微生物

　微生物が植物や動物（カイコなど）の病気の原因になることは比較的早くから分かっていましたが，細菌が人間の病気の原因になることはなかなか分からなかったのです。というのは，細菌のような簡単な生物により人間が病気になるなどと考える医学者は少なかったからです。ところが，外科手術が進むにつれて，敗血症[5]で死亡する人間が増えてきました。この敗血症を防ぐには手術用道具の消毒が有効であることから，敗血症は細菌により起こることがリスター[Joseph Lister(1827-1912)イギリス]らの研究により次第に分かってきたのです。また，家畜の炭疽病[6]で死んだ動物の血液を調べると必ず桿菌がいることがわかりました。

　1876年，コッホ[Robert Koch(1843-1910)ドイツ]は病気で死んだ動物の体の一部分でマウスが同じ病気に感染することを見つけ，さらにその病気をマウスからマウスへ移すことに成功しました。また，病気の動物の脾臓から感染している粒子を取り出しこれを殺菌した血清に入れると，卵形のものを含む長い糸状のものが増えるのを示すことができました。

　この頃からカビや細菌の純粋培養が始まりました。そのためには，目的とする微生物に必要な養分を含んだ溶液，すなわち培地が必要です。「病原菌は動物の組織中ではびこるのでその培養は組織に似た環境で行うのがよい」と考え，コッホは肉の抽出液を培地としました。それは，肉汁に0.8％食塩

---

4) ブフナーは，酵母の無細胞抽出液でアルコール発酵が起こることを発見して1907年度ノーベル化学賞を受賞しました。
5) 感染病巣から病原菌が血液にのって全身にひろがり，全身症状を示すことです。
6) 主にウシ，ウマ，ヒツジなどの家畜がかかる急性病気で，褐色の水泡が生じ潰瘍になり，敗血症を起こして特に脾臓に血液が充満します。ヒトにも感染します。

を加えたものでした。そして病原菌を分離するには，固形培地を平らに拡げたものを用いました。固形培地としては上記の液体培地にゼラチンを加えて固めたもの，ジャガイモの切り口を利用するもの，ゼラチンの代わりに寒天を用いたものなどが使われました。しかし，ゼラチンは夏に温度が高くなると，あるいはバクテリアが生えてくると溶ける場合があります。また，ジャガイモはバクテリアが拡がるという欠点があります。そして結局，寒天を使った固形培地が一番良いことが分かりました。これは現在でも広く使われています。

1.4 地球環境と微生物

ところが，すでに述べたように，地球上の物質循環[7]にも微生物が関与しており，このような微生物は無機物を酸化することによって二酸化炭素から細胞物質をつくり生育するが，むしろ有機物があっては生育しないことがウィノグラドスキー[8]〔Sergei Nikolaevitch Winogradsky（1856-1953）ロシア生れのフランス人〕により明らかにされました。また，窒素ガスをアンモニアに変える（窒素固定をする）細菌もいることがベイエリンク〔Martinus Willem Beijerinck（1851-1931）オランダ〕の研究により分かったのであります。このように，病気の原因になるものがあったり，また地球環境にかかわるものがあったりする微生物について，これからそれらの構造や働きについて考察することにしましょう。

---

[7] たとえば窒素ガスが アンモニア → 亜硝酸 → 硝酸 → 窒素ガス というふうに変化することです。
[8] 光がなくても無機物だけで生きていける細菌，つまり独立栄養化学合成細菌の研究の基礎を築いた人です。

第 2 章　微生物の取り扱い方

　微生物を知るためには，それらの形やしぐさよりも，まずそれらが何を食べどのようにして生きているかを知ることから始めたほうがよいと思います。しかし，微生物の形やしぐさのことを勉強してからでないとそれらの飼い方はどうもわからないという方は，この章をとばして次に進み適当なところで後戻りしていただいて結構です。

2.1　培　　養

　微生物を研究するには，まずそれを生育させること，つまり培養する必要があります。それに，自分で微生物を培養してみるとその性質が良く分かります。特に，微生物の生化学的研究をするときには，他の人に培養してもらった微生物の細胞をもらってきてそれを使用することがよくありますが，このようにすると自分で培養したときと比較してその微生物の性質があまりよく分からないのが普通です。微生物の中には，すでに述べましたように，細菌，カビ，酵母，藻類，原生動物などが含まれていますが，それぞれの培養法は違います。各々の微生物についての培養法を述べます。

2.1.1　細　　菌

(a) 好気性細菌

　広く使われている培地は表 2.1 に示すようなものです。一般の細菌用培地の組成は表 2.1 に示したものに近ければ少々のずれはよいのですが，pH は

表2.1. 広く使われている細菌用の培地

肉エキス	10g	水道水	1000 ml
ペプトン	10g	pH	6.8-7.2
NaCl	5g		

30-37℃で通気して培養。

7付近に調整しておくことが重要です。培地は減菌して使用します(後述)。

　液体培地で培養するときは，図2.1のように試験管やフラスコに入れて綿や多孔性シリコンゴムの栓をします。空気を激しく供給しながら培養するときは坂口フラスコを用います。綿の栓は綿栓と呼ばれます。綿としては繊維の長い脱脂してないもの，つまり上質の布団綿を用います。綿栓は空気を良く通す点で多孔性シリコンゴムの栓よりすぐれていますが，綿の表面に付いている雑菌を炎で焼くときに燃えて手を焼き痛い思いをすることがあります。その点多孔性シリコンゴムの栓は安全です。ただ，一般に用いられている多孔性シリコンゴムで栓をした坂口フラスコを用いて窒素固定細菌を振とう培養しますと，綿栓を使用したときの1/5位の速さでしか生育しません。

　いずれにしても作った培地は使用前にオートクレーブに入れて，普通は1気圧(大気圧と合わせて2気圧で，温度は121℃になる)で30分間減菌します。

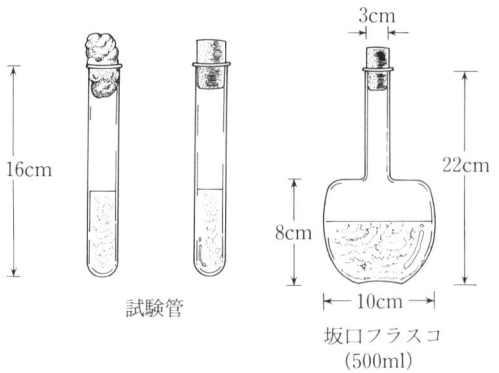

図2.1　液体培地

2・1 培　養

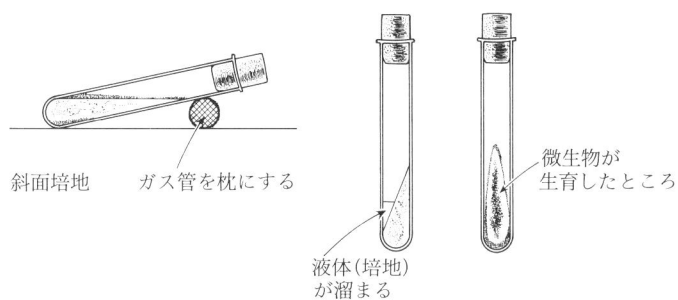

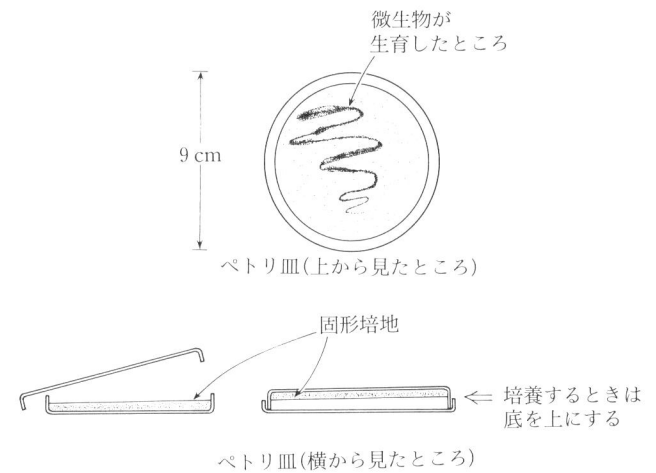

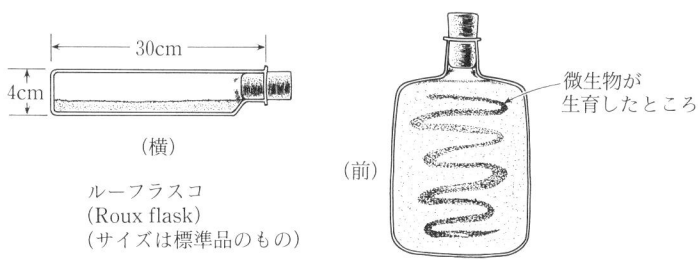

図2.2　固形培地のいろいろ

固形培地は，液体培地に寒天を約2%になるように加え，加熱して溶かし，121℃，30分間滅菌した後，室温で冷却して作ります。試験管を用いる場合は，滅菌後傾けて冷却して斜面をつくります(斜面培地。ただし嫌気性細菌用には立てたまま冷却)。ペトリ皿(ペトリシャーレ，単にシャーレともいう)中に固形培地をつくるときは，これに培地を入れ水平にして固まらせます(平板培地)。好気性細菌を比較的大量に培養するときは坂口フラスコを用いて振とう培養をする他，ルーフラスコ(Roux flask)を用い固形培地(液体培地でも使用できます)で培養します。

　細菌の中でも無機物だけで生育するもの(独立栄養細菌)の培地は表2.1に示したものとは大変違います。たとえば，表2.2に示したのは好酸性鉄酸化細菌用の培地組成です。

表2.2. 独立栄養細菌の1つである好酸性鉄酸化細菌用の培地

$(NH_4)_2SO_4$	3.0g	$Ca(NO_3)_2$	0.01g
KCl	0.1g	$FeSO_4 \cdot 7H_2O$	25-100g
K_2HPO_4	0.5g	脱イオン水	1000ml
$MgSO_4 \cdot 7H_2O$	0.5g	pH	2.0(希硫酸で調整)

30℃で激しく通気して培養。

(b) 嫌気性細菌

　嫌気性細菌は酸素があっては生育できない細菌です(乳酸菌については p.96 参照)。培地の組成は好気性細菌の場合と同じものもありますが，嫌気的にする工夫が必要です。まず，簡単なのは試験管を用いて固形培地をつくる場合です。だだ好気性細菌の場合と違うのは培地を固まらすとき斜面を作らずに試験管を立てたままにしておき，栓としてはシリコンゴム栓のような空気を通さないものを用います。そして細菌の種(たね)を培地の奥の方へ押し込みます(穿刺培養) (図2.3a)。この固形培地の上の5mmくらいの厚さに流動パラフィンを重層すると嫌気条件がさらに強化されます。これは液体培地の場合にも利用できます(図2.3c,d)。紅色非硫黄細菌という光合成細菌を固形培地で培養するには表2.3の組成の培地を寒天で固めて光を当てます(図2.3b)。[この細菌は，光合成をするときは嫌気的条件下で生育]

2·1 培養

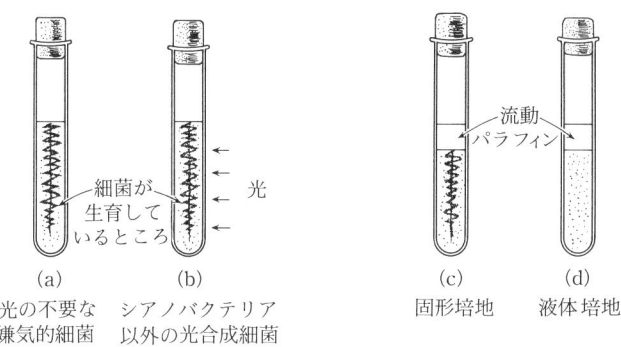

図2.3 嫌気性細菌の培養方法の例

表2.3. 光合成細菌(紅色非硫黄細菌)用培地の1例

酵母エキス	3g	寒天	25g
ペプトン	3g	水道水	1000ml
$MgSO_4 \cdot 7H_2O$	5g	pH	6.5
$CaCl_2 \cdot 2H_2O$	0.3g		

培養は図2.3bのように植え付けて，30℃で30cmの距離から100Wの白熱電球で照射して培養します。温度が上がりすぎる時は扇風機で風を送って却冷します(表2.6, 2.7の場合も同じ)。

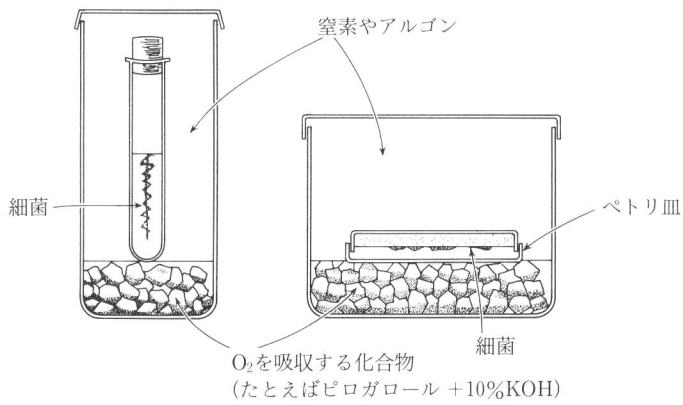

図2.4 徹底的にO_2を除去して嫌気性細菌を培養する方法の例

徹底的に酸素を除く必要のある場合は，培地の入った試験管やペトリ皿を脱酸素剤の入った別の容器に入れます(図2.4)。嫌気性細菌を液体培地を用いて，特に大量培養したいときは，培地中へ窒素ガスを吹き込むのもよいのですが，少量の硫化ナトリウム(Na_2S)やシステインを加えるとよい場合もあります。

2.1.2　カビ，酵母，キノコ

カビ，酵母，キノコの培養の仕方は細菌の場合と似ていますが，培地の組成が違います。カビも酵母もショ糖やグルコースを比較的多量に要求します(表2.4，2.5)。また，生育のpHが一般の細菌の場合(pH7付近)よりやや低い(pH5-6)点に注意してください。ただ，キノコに傘をつくらせようと思えば特別の培養方法を考えなければなりません。

キノコにはカビとおなじ仲間(子嚢菌)とキノコ特有のグループ(担子菌)とがありますが，菌糸を培養するときは，グルコース3.0％，酵母エキス0.5％を含むpH6.0の液体培地を用いて静置(あるいは振とう)培養します。子実体を得るには，たとえばシイタケは，伐採して1-2カ月乾燥させたコナラ

表2.4. コウジカビ用の培地の1例

ショ糖	7.5g	K_2HPO_4	0.5g
グルコース	7.5g	水道水	1000ml
$(NH_4)_2HPO_4$	5g	pH	6.0

30℃で通気して培養。これらの培地(表2.4, 2.5)でK_2HPO_4を使うところにK_3PO_4を使っても，あるいはその逆でも，最後のpHがあっておればよろしいのです。

表2.5. 酵母用の培地の1例

ショ糖(またはグルコース)	150g	$MgSO_4 \cdot 7H_2O$	1g
酒石酸アンモニウム	10g	脱イオン水	1000ml
K_3PO_4	5g	pH	5-6
$CaHPO_4$	0.8g		

25℃で培養

やクヌギに種菌を接種しておきます。すると春と秋の2回，温度が5-20℃の頃，子実体が発生します。エノキタケやナメコは鋸屑や木っ端などにぬかやふすまを栄養材として加えた培地で育てますと子実体が発生します。

2.1.3 藻　類

藻類の培養には光が必要です。一般に，藻類は適当な塩類と光があれば生育しますが，早く多くの藻体を得ようと思えば，たとえばクロレラの場合，表2.6に示したような培地を用います。そして培養には図2.5に示したような容器を用い5％二酸化炭素を含む空気を吹き込んでやります。やや効率は悪いけれども三角フラスコを用いて光を照射し，ときどき二酸化炭素を含む空気を吹き込んでやっても培養できます。藻類の中でもユーグレナの培地は少し変わっています。それは後述しますように，ユーグレナは藻類の性質をもっていますが原生動物としての性質ももっているからです。ユーグレナは表2.7に示したような組成の培地で光を当てて培養しますが，この場合は二

表2.6. クロレラ用培地の1例

$NaNO_3$	0.25g	K_2HPO_4	0.175g
$CaCl_2$	0.01g	$NaCl$	0.025g
$MgSO_4 \cdot 7H_2O$	0.075g	脱イオン水	1000ml
KH_2PO_4	0.075g	A_5 溶液	1.0ml
pH	6.0	Fe 溶液	1.0ml

a. A_5 溶液

H_3BO_3	2.86g	$MnCl_2 \cdot 4H_2O$	1.81g
$ZnSO_4 \cdot 7H_2O$	0.222g	MoO_3	0.177g
$CuSO_4 \cdot 5H_2O$	0.079g	脱イオン水	1000ml

b. Fe 溶液

$FeSO_4 \cdot 7H_2O$	2.0g	脱イオン水	1000ml
濃硫酸	2滴		

5％CO_2を含む空気を通気して，20-25℃で3000-5000ルクスの光（20W蛍光灯を20cmの距離から，あるいは100Wの白熱電気球で50cmの距離から）を照射して培養します。

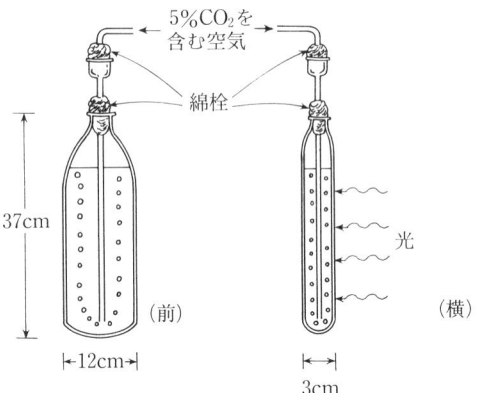

図2.5 藻類の培養に用いられる容器の1例

表2.7. ユーグレナ用培地の1例

EDTA	0.05g	$MgSO_4 \cdot 7H_2O$	0.1g
ペプトン	5.0g	$FeSO_4 \cdot 7H_2O$	5mg
グルコース	1.0g	チアミン	4mg
酢酸ナトリウム	1.0g	ビタミンB_{12}	5mg
酵母エキス	0.2g	Fe溶液(クロレラ用培地参照)	2.5ml
水道水	1000ml	pH	6.2-6.6

20-25℃で10キロルクスの光(または10cmの距離から100W白熱電球で照射)をあてます。

表2.8. テトラヒメナ用培地の1例

ペプトン	20g	グルコース	10g
酵母エキス	1g	水道水	1000ml
pH	7.2		

20-28℃で培養します。

表2.9. アメーバ用培地の1例

KCl	6mg	$CaHPO_4$	4mg
$MgSO_4 \cdot 7H_2O$	4mg	水道水	1000ml

pHは試薬を混合して得られる値。
餌として生きたテトラヒメナを与えます。

酸化炭素を供給する必要はありません。無機培地で光を照射しても生育しますが，この場合は二酸化炭素を供給してやります。しかし，ユーグレナを無機培地(たとえばクロレラ用培地＋ビタミン B_1, B_{12})で生育させると表2.7の培地で生育させるよりはかなり生育が遅いのです。

2.1.4 原生動物

　原生動物の中でテトラヒメナだけは細菌の場合と同じ方法で培養できます。すなわち，表2.8に示したような組成の培地で培養できます。

　しかし，ゾウリムシはテトラヒメナと同じ培地では培養できません。たとえば，乾燥させたチシャの葉の粉末 2g を水道水 100 ml で抽出した液で培養します。テトラヒメナは比較的容易に多量の細胞を得ることができますが，ゾウリムシの細胞を何gも得ることは大変です。アメーバは表2.9に示したような培地で培養しますが，生きたテトラヒメナを与える必要があります。いわばアメーバはテトラヒメナのおどりを食べるのです。アメーバも細胞を多量に得ることは困難です。

2.1.5 リケッチア

　孵化しつつある鶏卵の卵黄囊内や，動物の培養細胞(マウスのL細胞など)内で培養します。

2.1.6 ウイルス

　リケッチアと同じく，孵化しつつある鶏卵の卵黄囊内で培養するのが一般的です。バクテリオファージは宿主となりうる細菌の内部で培養します。

2.2 植え付け

　微生物を新しい培地に植え付けるには，白金耳というのがよく使われます。図2.6に示したようなプラスチックの棒の先に金属棒を付け，その先に長さ3-4cm程の白金の針金を付けてあります。穿刺培養の場合はこの針金を延ばしたまま使いますが，斜面培地に植える場合は針金の先を曲げて小さ

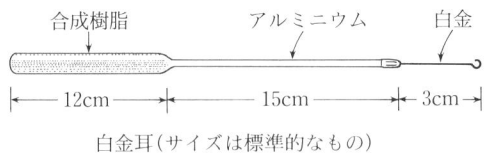

白金耳(サイズは標準的なもの)

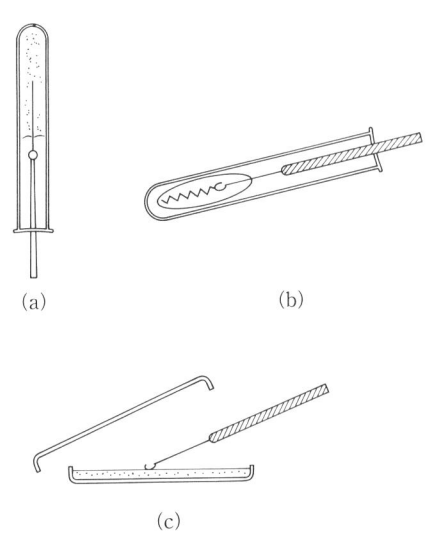

図2.6 白金耳を使っての微生物の植え付け。(a)嫌気性細菌の植え付け,(b)好気性微生物の斜面への植え付け,(c)ペトリ皿の平板培地への植え付け。平板培地で微生物が生育した様子は図2.2に示してあります。

なループをつくっておきます。いずれにしても,植える前に白金の部分をアルコールランプやガスバーナーの炎で焼いて滅菌します。そしてまず新しい培地に突っ込んで冷やしてから種菌を取ります。新しい培地で冷やす場合,穿刺培養では培地にそのまま突き刺すわけですが,斜面培地では底に溜まっている液(図2.2参照)に白金の針金のループを浸けます。また無菌的に植え付けをするため,試験管の口や栓を数秒間炎で焼きます。このような操作を全て無菌箱(や無菌室)で行うと便利です。寒天培地に生えている種菌を液体培地へ植える場合も普通白金耳を使います。液体培地に生育している種菌を液体培地へ植える場合は滅菌したピペットを使って植えるか種菌の植ってい

2.3 単　離

　すでに述べたように，微生物は斜面培地や平板培地で培養したり，あるいは液体培地で培養したりするのですが，純粋に一種の微生物だけを取り出すにはどうしたらよいでしょうか。原生動物の場合は0.1％程度のペニシリン，クロラムフェニコールあるいはストレプトマイシンを加えた培地で細菌の生育を阻害して培養し，毛細管で1個だけ吸い取ることもできますが，細菌や単細胞藻類は培養液を薄めて平板培地に撒き微生物の細胞1個から生じた集合体（コロニー）の中から細胞を白金耳で釣り上げて培養すれば1種の微生物のみを取り出すことができます（図2.7）。すなわち，細菌や単細胞藻類の非常に薄い懸濁液を平板培地に撒くとそれらが1個ずつ別々に培地に付着してそれぞれが増殖してコロニーをつくるのです。だから1つのコロニーは

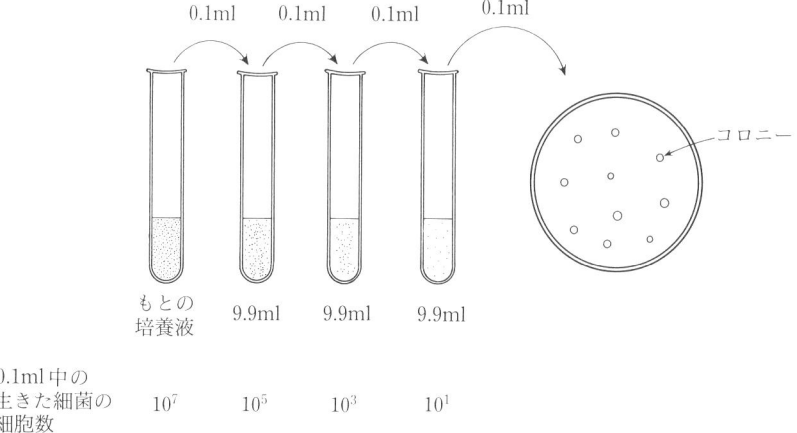

図2.7　平板培地に微生物懸濁液を撒いてコロニーをつくらせる実験の手順

1個の細胞に由来する細胞の集団ですので，1つのコロニー内の微生物細胞は同一種のものであるということになります。この操作では元の微生物懸濁液が濃いと平板培地に撒いたとき一面に生えてコロニーになりませんので，かなり薄めてやる必要があります。薄めるには滅菌生理食塩水 (0.9 % NaCl 溶液) なども使用できますが，その微生物用の滅菌した培地を使うのが一番よいのです。図 2.7 に示したように，希釈の倍率が分かるようにしておけば，元の培養液中の微生物の生細胞数を知ることができます。図 2.7 の場合は元の培養液を 10^6 倍に希釈してありますので，元の培養液 0.1ml 中には $10 \times 10^6 = 10^7$ (すなわち 10^8 個/ml) の微生物細胞がいたことになります。

2.4 微生物の連続培養

一定量の培地へ種菌を入れて培養を続ける培養方法をバッチカルチャー (回分培養) といいます。これに対して連続的に新鮮な培地を一定量供給しながら，供給した培地の量と同じ量の培養液を抜き取り，採集槽に貯えるとい

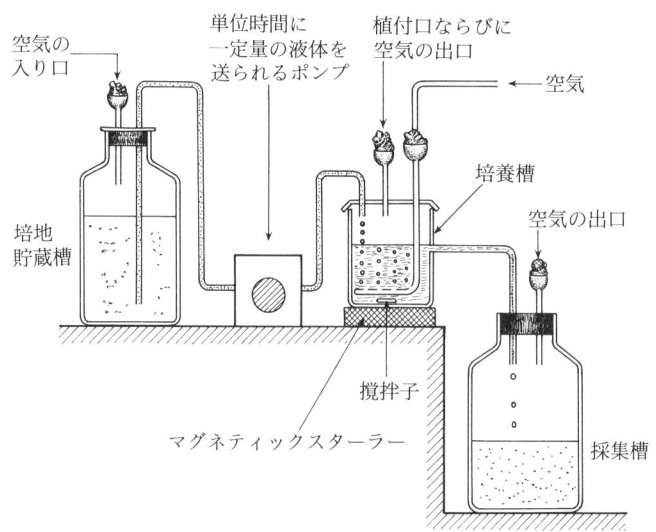

図 2.8 微生物の連続培養の基本を示す図

う，連続培養があります。連続培養ではいつも新鮮な栄養源が供給されて微生物の排出物の蓄積がないので，いわば微生物が無限に生育しつづけることができます。

2.5 滅菌(殺菌，消毒)

1種の微生物を純粋に培養するときには，他の微生物が入らないように培地や使用する器具などを滅菌する必要があります。また有害な微生物を捨てるときも滅菌してから捨てる必要があります。有害でなくても使用した微生物は滅菌してから捨てるようにすべきです。

培地や培養液などの滅菌にはオートクレーブがよく使われます。オートクレーブは圧力をかけて高温にした水蒸気を閉じ込める装置で，その中に滅菌しようとする物を数十分間入れておくわけです。普通の培地は，1気圧加圧(大気圧とあわせて2気圧)の水蒸気で30分間滅菌します。1気圧加圧の水蒸気の温度は121℃です。ただ，アミノ酸(およびタンパク質)とグルコースのような還元糖を同時に含んでいる培地の滅菌は，温度を110℃以上に上げずに時間を長くして行う必要があります。温度を110℃以上に上げますと，アミノ酸と糖が反応して培地が濃褐色から黒色になるのです[1]。

器具などで熱に強いもの，たとえばピペットなどは140-160℃に熱した空気中で2時間くらい処理します(乾熱滅菌)。空気，液体などは目の細かい特別のフィルターを通すことで微生物を除くことができます。また，紫外線を照射すると色々なものの滅菌ができますが，人間が照射されないように注意する必要があります。

薬品による滅菌もよく行われるが，この場合は一般に消毒と呼ばれます。よく用いられるのは(エチル)アルコールです。アルコールは50-90％の濃度で滅菌効力がありますが，70％(重量％)のものが最大効果を示すといわれています。その他，3％フェノール水溶液，0.1％昇汞水[水1リットルに10g 昇汞($HgCl_2$)と5gNaClを溶かし，フクシン等で着色して，使用時に10倍希釈する]，0.1-0.2％ホルマリン水溶液などが使われます。また，エチ

---

[1] 最近，100℃で生育する細菌が見つかりました(p.80)。このような細菌の滅菌には注意が必要です。

レンオキシド(ガス)がプラスチック製のペトリ皿のような乾熱滅菌では溶けるものを滅菌するのに使われますが，人間に対して有毒ですので注意が必要です。

2.6 染色法

微生物のなかでもリケッチア，クラミジア以外のものは，そのままスライドグラスの上に置き，1滴水を垂らしてカバーグラスを置き，顕微鏡で見ることができます。しかし細菌は小さいので染色しないと見えにくいのです。リケッチヤとクラミジアは顕微鏡ではほとんど見ることができません。特に，ウイルスは電子顕微鏡を使わないと見ることができません。

2.6.1 生体染色法

これは微生物を生きたまま染めることです。スライドグラスに少量の微生物試料を載せ，脱イオン水1滴と色素溶液1白金耳量を加えて静かに混ぜ，カバーグラスをかぶせて検鏡します。色素溶液としては，アルカリ性メチレンブルー液，カルボールフクシン液，クリスタルバイオレット液などが使われます。それぞれの色素溶液は次のようにしてつくります。

(a) アルカリ性メチレンブルー液：1.5g メチレンブルーを 30ml 無水アルコールに溶かし，これに 100ml の 0.01％ KOH を混ぜてろ過します。

(b) カルボールフクシン液：1.1g フクシンを 10ml 無水アルコールに溶かし，これと 100ml の 5％フェノールを混ぜてろ過します。

(c) クリスタルバイオレット液：2g クリスタルバイオレットを 20ml の 95％アルコールに溶かし，これに 80ml の水を加えます。

2.6.2 固定染色法

微生物を殺してから(固定してから)染色するとよく染まりますので，一般には熱固定してから染色します。スライドグラス上に落とした一滴の脱イオン水に白金耳に取った少量の微生物試料を混ぜ込み，うすく広げて弱火で乾燥したのち，試料の塗抹面を上にして火炎の中を2，3回通して細胞を固定

します。次に塗抹面に色素液を注いで1－2分間放置してから，塗抹面を下にして余分の色素液を落とします。そして静かに水洗して洗水が無色になるまで十分洗浄します。ろ紙等で水を吸い取ったのち，ヘアドライヤー等で乾燥させた後検鏡します。

2.6.3　グラム染色法

　細菌を分類するのに大変役立つ染色法に，デンマークのクリスチァン　グラム(Christian Gram)という人が，1884年に発見したグラム染色法というのがあります。細菌を白金耳で少量とり，スライドグラス上に塗りつけ，脱イオン水を1滴落として細菌を薄く広げ，弱火で軽く乾かして(熱固定)，1％クリスタルバイオレット液で1分間染色します。脱イオン水で洗った後，ルゴール液(0.3g ヨウ素＋1.0g ヨウ化カリウム＋100ml 水)に1分間浸し，ろ紙でルゴール液を除きます。次に95％アルコールに20-30秒間浸した後，直ちに脱イオン水で洗います。ろ紙で水を除き，1％サフラニン水溶液で2分間染色し脱イオン水で洗った後，乾燥して検鏡します。細菌の細胞が濃い紫色に染まっておればその細菌はグラム陽性細菌であり，ピンクに染まっておればその細菌はグラム陰性細菌であります。以上の操作をフローチャートで示しておきます(次ページ)。この染色法においては，95％アルコールに浸す時間を厳密にすることが大事です。この時間が短か過ぎるとすべての細菌はグラム陽性細菌になりかねないし，長過ぎるとすべての細菌はグラム陰性細菌になりかねません。そこで，グラム陽性細菌であることが分かっている細菌［たとえば *Bacillus subtilis*(バチルス・スブチリス)[2]の若い細胞（24-48時間培養したもの)］と，グラム陰性細菌であることが分かっている細菌[たとえば *Escherichia coli*(エスケリキア・コリ)］を検査する細菌と同時にスライドグラスの別の部分に塗り付けて染色すると正確な結果が得られます。これらのグラム染色の陰陽がわかっている細菌の染まり方を見て95％アルコールで処理する時間を微調節するとよいでしょう。

---

[2] バルチス・ズブチリスと発音する人も多いのです。正確にはバキッルス・スブチリスとなります。以後，微生物の学名の読み方を片仮名で示しておきますが，必ずしも正確なラテン語の発音ではなく，微生物の研究をしている人達が一般的に使っているものを示しました。

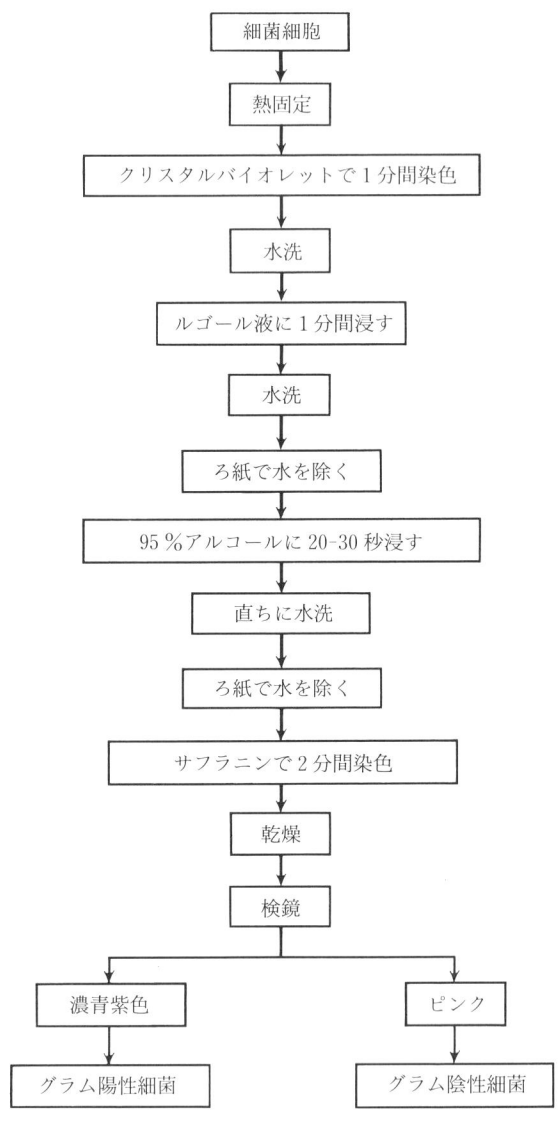

図 2.9　グラム染色の操作

第3章　微生物の細胞構造

　前にも述べたように，微生物の世界はただ大きさが小さいものの集まりというだけではありません。それは真核微生物と細菌の共存する世界です。細菌の中には真正細菌と古細菌があります。真核微生物というのは，カビ，キノコ，酵母，クロレラ，ケイ藻，ユーグレナ，アメーバ，ゾウリムシなどです。真正細菌には大腸菌，枯草菌，破傷風菌，乳酸菌，根粒菌などが含まれ，また，古細菌にはメタン生成細菌や高度好塩菌(ハロバクテリア)などが含まれます。この章では，まず真核微生物と細菌の細胞の違いから考えてみましょう。

3.1　細菌と真核微生物

3.1.1　真正細菌と古細菌

　細菌の細胞は図3.1のようになっています。そして，細菌の中のシアノバクテリアは光合成をするためのクロロフィルやカロチノイドが存在するチラコイドという膜構造体をもっています。

　真正細菌の細胞には1本の環状のDNAがありそこからRNA(mRNA，メッセンジャーRNA)が多数延びておりその上には多数のリボソームが結合しています。DNAの部分は核膜で囲まれていないので，後述の真核微生物の場合のようにはっきりした核はありません。それで，DNAの存在する部

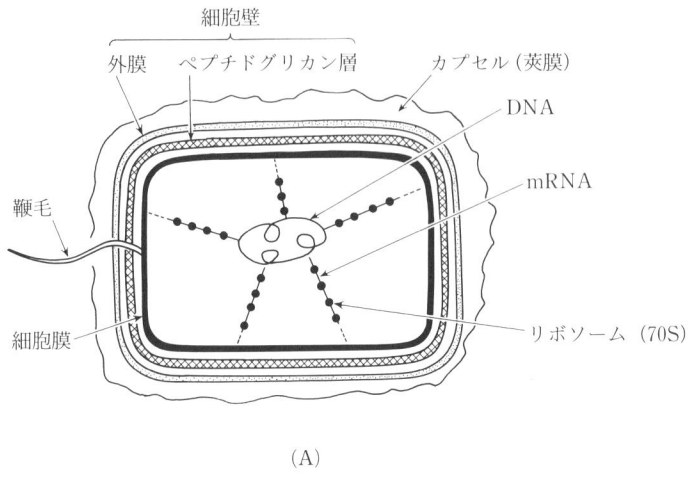

(A)

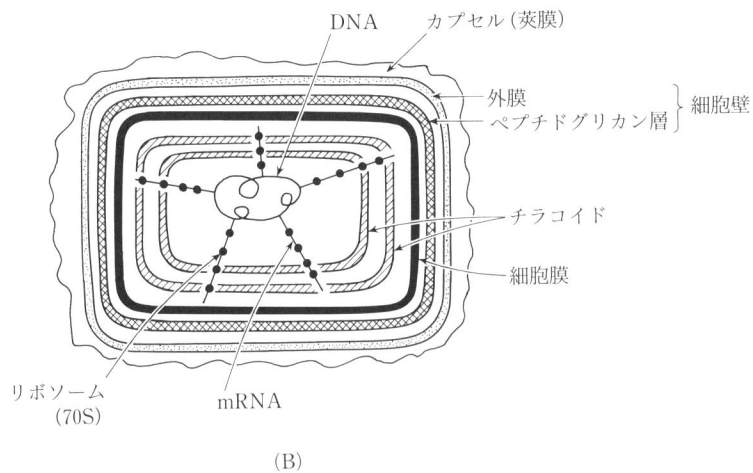

(B)

図3.1 細菌(グラム陰性細菌)の細胞構造の模式図
 (A)光合成をしない細菌の細胞。ただし、マイコプラズマには細胞壁はありません。また、古細菌にもペプチドグリカンからできた細胞壁はありません。(B) シアノバクテリアの細胞。

分は核様体とか核領域と呼ばれます．リボソームというのはタンパク質を生合成する場所で，全ての細胞性生物つまり細胞からできている生物に存在します．ただ，その大きさが細菌と真核生物とで違っています．すなわち，細菌(真正細菌も古細菌も)のリボソームは70Sという大きさであるのに対し真核生物のは80Sという大きさです．このことについてはまた後で述べることにします．

細胞は細胞膜により包まれていますが，この膜［および真核生物の細胞内にある多くの膜(生体膜)］はリン脂質の二重層でできています．たとえば，ホスファチジルコリンというリン脂質は，図3.2Aのような構造をしています．リン酸のついている部分は親水性(水によくなじむ性質)で脂肪酸の炭化水素の部分は疎水性(水をはじく性質)です．そこで，親水性部分を ○ で表わし，疎水性の部分を ══ で表わしますと，リン脂質は ○══ (図3.2Aの構造を左へ倒して横にしたもの)のように表わせます．生体膜は，このリン脂質2分子が親水性グループを外側，疎水性グループを内側にして沢山並び2分子層の膜になったもの(図3.2B)と考えてください．そのところどころにタンパク質(酵素を含む)がくっ付いたり突き刺さったりしています．

リン脂質の構造に関しては，真正細菌と真核生物では同じですが，古細菌のは非常に違います．すなわち，真正細菌や真核生物の細胞膜を形成するリン脂質はグリセロールの高級脂肪酸(通常炭素数が16および18)ジエステルが基本構造になっていますが，古細菌のはグリセロールと高級イソプレノイドアルコール(炭素数が20および40)の間でできたジエーテルが基本構造になっています(図3.3A，B)．このことが古細菌を特徴づける1つの大きな性質です．もっとも，最近，真正細菌のあるものがグリセロールのジエーテルを基本構造とするリン脂質から成る細胞膜をもっていることが分かりました．しかし，古細菌の細胞膜のリン脂質がすべてグリセロールのジエーテルを基本構造にしていることに変わりはありません．

真正細菌では細胞膜の外側にペプチドグリカン(ムレインともいう)からできている細胞壁があります．これは，N-アセチルグルコサミンとN-アセチルムラミン酸からなる重合体をペプチドで網目状に架橋したもので，物理

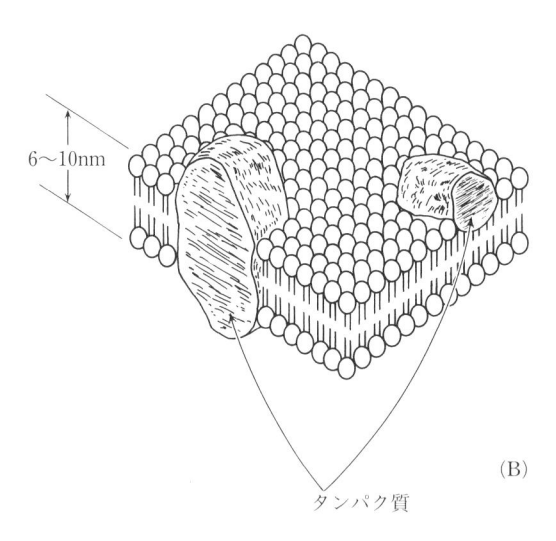

図 3.2 真正細菌と真核生物の細胞膜を構成するリン脂質の構造の例（A）とリン脂質の二重層で細胞膜ができることを示す模式図（B）

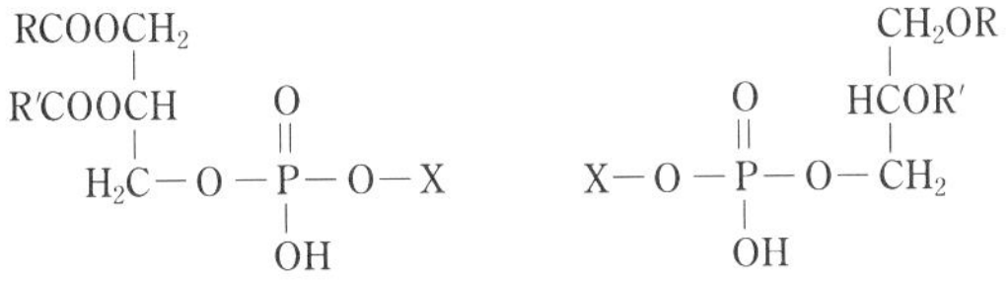

3·1　細菌と真核微生物

$$
\begin{array}{cc}
\text{RCOOCH}_2 & \text{CH}_2\text{OR} \\
\text{R'COOCH} \quad \text{O} & \text{O} \quad \text{HCOR'} \\
\text{H}_2\text{C}-\text{O}-\text{P}-\text{O}-\text{X} & \text{X}-\text{O}-\text{P}-\text{O}-\text{CH}_2 \\
\text{OH} & \text{OH} \\
\text{RCOOR'} & \text{ROR'} \\
\text{エステル \quad (A)} & \text{エーテル \quad (B)}
\end{array}
$$

図3.3　真正細菌および真核生物の細胞膜を構成するリン脂質の基本構造(A)と，古細菌の細胞膜を構成するリン脂質の基本構造(B)の比較。

的にも強い構造体です。これについては後述しますが，古細菌にはペプチドグリカンの細胞壁はありません。また，真正細菌の中でもマイコプラズマは細胞壁をもっていません。

3.1.2　真核微生物

真核生物の細胞は図3.4に示したような構造をしています。核は複数個のDNA分子とこれに結合するヒストンというタンパク質からなるDNAタンパク質複合体(クロマチン)が核膜(細胞分裂をしていない休止期に見られる)に包まれたものです。核膜からは小胞体と呼ばれる多数の膜系がのびていて，これに添ってのびているmRNAに多数の小さい粒粒が付いている部分があります。この粒粒はリボソームです。真核生物のリボソームは細菌のものと異なり，80Sという大きさです[1]。リボソームの大きさが70Sか80Sかということで，たとえば抗生物質に対する挙動が大変違ってきますが，このことについては後程くわしく述べます。真核生物の細胞には，ミトコンドリアというエネルギー(あるいはATP)を生産する場所があります。さらに，バキュオール(液胞)があります。また，光合成をする生物ではクロロプラスト (葉緑体) があります。これは，クロロフィルをもっており，光のエネルギーでATPと，いわば生物的還元剤であるNADPH (p.59) を生産す

---

[1] Sは遠心分離における沈降速度の大きさの目じるしである沈降係数の単位で，スベドベリ単位(Svedberg unit)と呼ばれますが，ここでは大きさを表す目じるしであると思ってください。つまり，80Sの粒子は70Sの粒子より大きいということです。

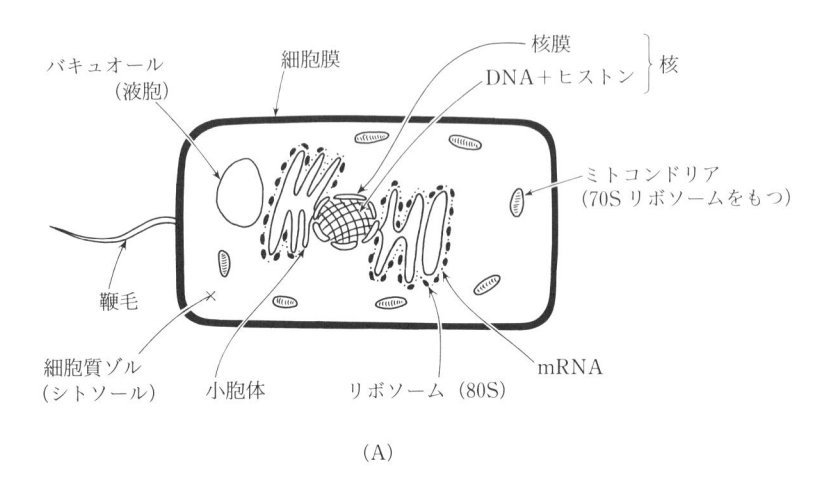

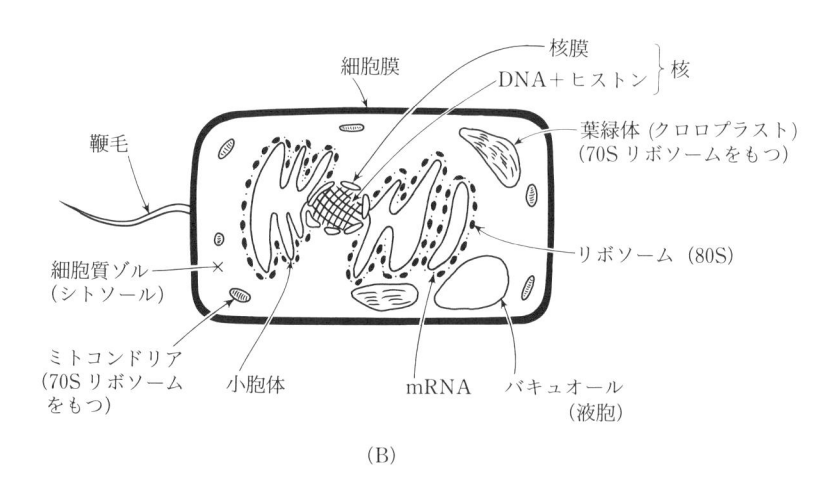

図 3.4　真核生物の細胞(真核細胞)の構造の模式図
　　　　(A) 光合成をしない生物の細胞, (B) 光合成生物の細胞

る場所です．真核生物の細胞ももちろん細胞膜で包まれていますが，その外側の細胞壁はない場合があり，あってもペプチドグリカンでできているものではありません．さらに，鞭毛や繊毛がありますが，その構造は9＋2(p. 38)と呼ばれるもので細菌の鞭毛とは構造が違います．

3.2 真正細菌の細胞

真正細菌の細胞をもう少しくわしく調べてみましょう．

3.2.1 細 胞 壁

真正細菌の細胞壁には図3.5に示すように2種類あります．この2種類というのは前に述べたグラム陽性細菌の細胞壁とグラム陰性細菌の細胞壁です．

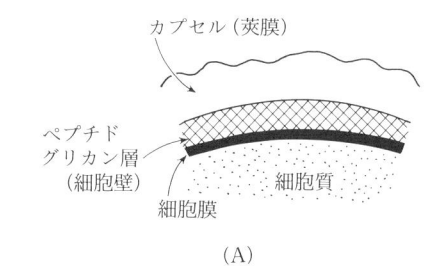

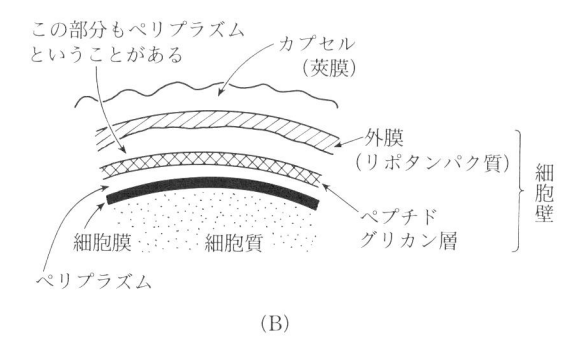

図3.5 真正細菌の細胞壁の構造の模式図
(A) グラム陽性細菌 (くわしくいうと，細胞膜の外表面にはリポタイコイン酸が，またペプチドグリカン層の外表面にはタイコイン酸がある), (B) グラム陰性細菌

(A)

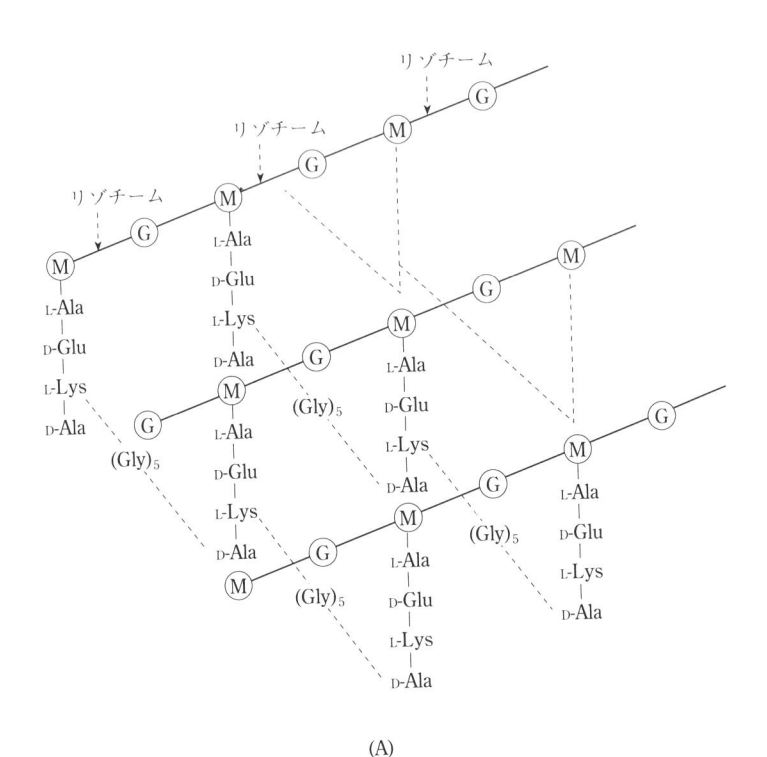

L-Ala ：L-アラニン
D-Ala ：D-アラニン
D-Glu ：D-グルタミン酸
L-Lys ：L-リシン
（球菌ではL-リシンだが桿菌ではジアミノピメリン酸。）

Ⓖ：N-アセチルグルコサミン

Ⓜ：N-アセチルムラミン酸

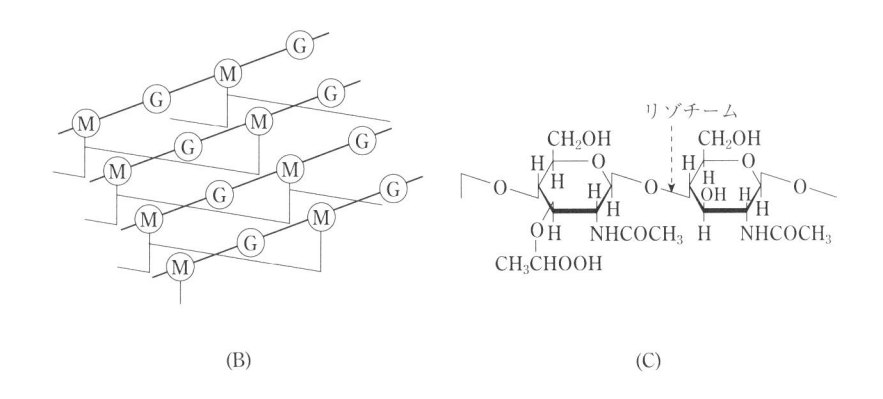

図 3.6 ペプチドグリカンの構造
(A) ペプチドグリカンの構造の一部, (B) ペプチドグリカンの網目構造の模式図, (C) N-アセチルムラミン酸と N-アセチルグルコサミンの結合様式

　グラム陽性細菌の細胞壁は分厚いペプチドグリカンからできていますが，グラム陰性細菌の細胞壁はグラム陽性細菌の場合より薄いペプチドグリカンの層とその外側にあるリポタンパク質(脂質を含むタンパク質)の外膜からできています。そして，細胞膜とペプチドグリカンの層との間に少し隙間があり，この場所はペリプラズム(ペリプラズマともいう)と呼ばれます。ペプチドグリカン(ムレインともいう)というのは図3.6に示したように，アセチルグルコサミンとアセチルムラミン酸からできた高分子化合物を，アミノ酸からできたいわば横糸で結んでできた，弾力性のある網の袋です。このペプチドグリカンの袋で包まれていると細菌の細胞は物理的に強くてなかなか壊れませんが，リゾチームという酵素によって容易に破壊されます。リゾチームはペプチドグリカンを分解しますので，特にグラム陽性細菌はリゾチームにより容易に細胞壁を失って壊れやすくなるのです。グラム陰性細菌もリゾチームとEDTAとを加えますと細胞壁を失います。EDTAが外膜に損傷を与えるとリゾチームがペプチドグリカン層まで侵入していき，それを分解するのです。グラム陰性細菌も細胞壁(ペプチドグリカンの層と外膜)を

失いますと，グラム陽性細菌が細胞壁を失ったときと同じく浸透圧などの物理的作用で壊れやすくなり，また白血球などの攻撃を受けやすくなりますが，その他にペリプラズムに存在する酵素やタンパク質が溶液中に出てきます。

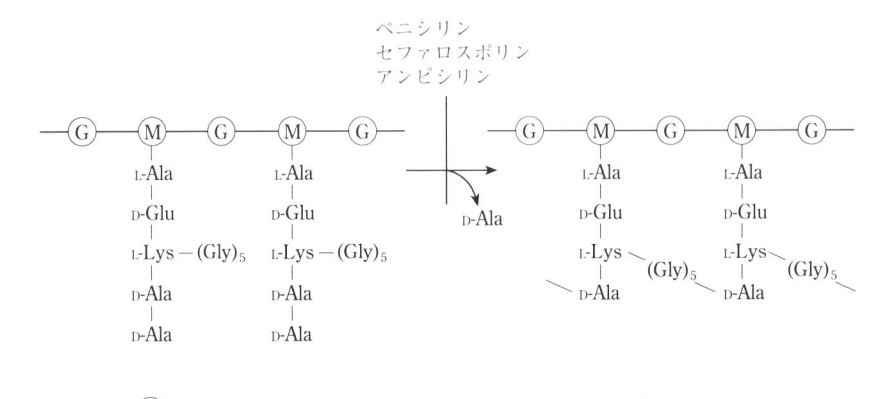

```
                    ペニシリン
                    セファロスポリン
                    アンピシリン

—G—M—G—M—G—        |        —G—M—G—M—G—
    |   |                        |   |   |   |
   L-Ala L-Ala                  L-Ala L-Ala
    |   |          ↘            |   |
   D-Glu D-Glu     D-Ala        D-Glu D-Glu
    |   |                        |   |
   L-Lys—(Gly)₅ L-Lys—(Gly)₅    L-Lys—(Gly)₅  L-Lys—(Gly)₅
    |   |                        |   |
   D-Ala D-Ala                  D-Ala D-Ala
    |   |
   D-Ala D-Ala
```

Ⓖ：*N*-アセチルグルコサミン　　　　Glu：グルタミン酸
Ⓜ：*N*-アセチルムラミン酸　　　　　Gly：グリシン
Ala：アラニン　　　　　　　　　　　Lys：リシン

図 3.7　ペプチドグリカンの生合成に対するペニシリン，セファロスポリン，アンピシリンの阻害作用。

　ペプチドグリカンの生合成の最後の段階は図 3.7 に示したように進行します。ペニシリンやセファロスポリンという抗生物質は，ペプチドグリカンの網目構造合成の最後のステップを阻害して細胞壁の合成を阻止するのです。細胞壁を失った細菌細胞は，上述のように物理的に壊れやすくなり，また酵素の作用を受けやすくなりますので，自家溶菌したり白血球やマクロファージなどにより貪食[2]されてしまうので，ペニシリンやセファロスポリンはグラム陽性細菌の感染により起こる病気の治療に有効です。グラム陰性細菌にはタンパク質からできた外膜がありますので，ほとんどのグラム陰性細菌によって起こる病気の治療にはペニシリンは無効です（淋菌；p.89 と 115 参

2）貪食（どんしょく）：白血球やアメーバが顆粒を細胞膜で包み込むようにして細胞内に取り込むこと。

照)が，セファロスポリンは少しは有効です。しかし，マイコプラズマという細胞壁のない細菌はこれらの抗生物質の作用を受けません。ペニシリンに似た構造をしていますが，アンピシリンは，グラム陰性細菌の細胞表層の透過性にすぐれ，グラム陽性細菌だけでなくグラム陰性細菌にも有効です。ペニシリン，セファロスポリンの構造に関しては，p.116を見てください。

3.2.2 抗生物質の作用の仕方—真核生物と細菌の違い—

抗生物質というのは，微生物のつくる有機物質で，他の生物に有毒に作用するか，またはその生育を阻害するものです。ペニシリン，セファロスポリン，テトラサイクリン，クロラムフェニコール，ストレプトマイシンなどがよく知られています。

すでに述べたように，ペニシリン，セファロスポリンおよびアンピシリンはペプチドグリカンの生合成を阻害します。したがって，ペプチドグリカンをもたない真核生物や細菌の中でもマイコプラズマはこれらの抗生物質の作用を受けません。テトラサイクリン，クロラムフェニコールおよびストレプトマイシンは70Sリボソーム上でのタンパク質の合成を阻害します。したがって，これらの抗生物質は80Sのリボソームをもつ真核生物には作用しません。このように，細菌には作用するが真核生物には作用しない抗生物質は良い（副作用が少ない）医薬になります。ところが，厳密にいいますと真核生物にも70Sリボソームが存在します（後述）ので高濃度のこれらの抗生物質では真核生物も影響を受けます。つまり副作用が現われることになります。逆に，ポリエン系抗生物質やシクロヘキシミドのように，細菌には作用せずに真核生物に作用する抗生物質は医薬にはならないということになりますが，毒性の程度によって医薬となることがあります。たとえば，ポリエン系抗生物質はカビや酵母が病原体である病気に医薬として使われています（後述）。いくつかの抗生物質とその作用メカニズムを表3.1に示しておきました。

表 3.1. 数種類の抗生物質の真正細菌および真核生物に対する作用の違い

抗生物質	作用メカニズム	作用を受ける生物	
		真正細菌	真核生物
ペニシリン（そのほか, セファロスポリン, アンピシリン）	ペプチドグリカン成分の生合成の阻害	＋ (特にグラム陽性細菌；マイコプラズマは例外)	－
ポリエン系抗生物質（アンホテリシン B, ナイスタチンなど）	細胞膜のステロールと結合して膜の透過性を変える	－	＋
テトラサイクリン クロラムフェニコール ストレプトマイシン	70 S リボソーム上でのタンパク質の生合成をを阻害	＋	－*
シクロヘキシミド	80 S リボソーム上でのタンパク質の生合成を阻害	－	＋

* ミトコンドリアやクロロプラストにも 70 S リボソームが存在するので，高濃度では真核生物にも影響をおよぼす(本文参照)。

3.2.3 細胞小器官

　細胞内において生体膜で他から隔離され，一つの機能を果たしている構造体を細胞小器官といいますが，狭義にはそれらのうちで DNA をもっているものをいい，これは真核細胞にしか存在しません。真核細胞の核，ミトコンドリア，クロロプラスト(葉緑体)(図 3.8)が狭義の細胞小器官です。ただ，細菌でもシアノバクテリアのチラコイドは細胞小器官と見なされています。ミトコンドリアはエネルギーを生成(ATP を生成)する場所であり，クロロプラストは，植物(や藻類)が光のエネルギーを用いて ATP および NADPH という還元剤(後でくわしく述べます，p.59)をつくる場所です。細菌の場合は，細胞膜がミトコンドリアの内膜に相当するエネルギーの生成場所であります。また，シアノバクテリア以外の光合成細菌の場合はクロロフィルが局在するクロマトホアとかクロロソームがあって，ここで光のエネルギーを ATP や NAD(P)H（後述）に変えていますが，これらの構造体は細胞小器官とはいいません。

3·2 真正細菌の細胞

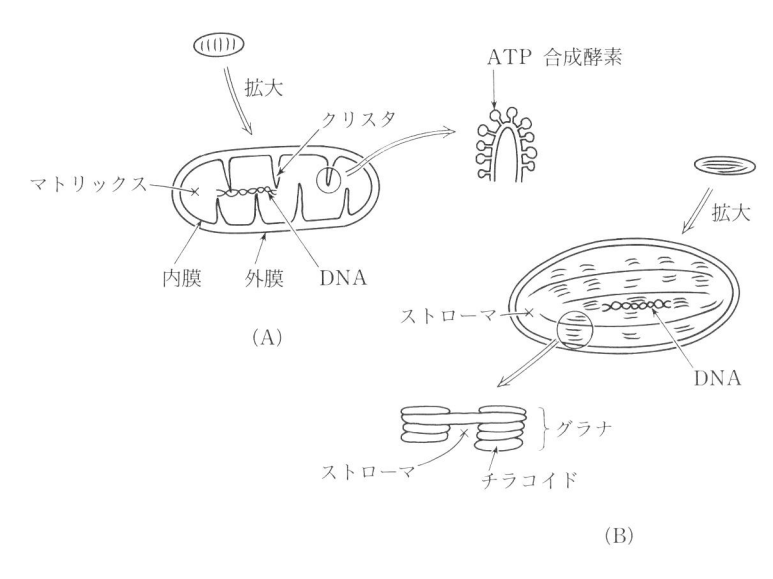

図3.8 ミトコンドリア(A)とクロロプラスト(B)

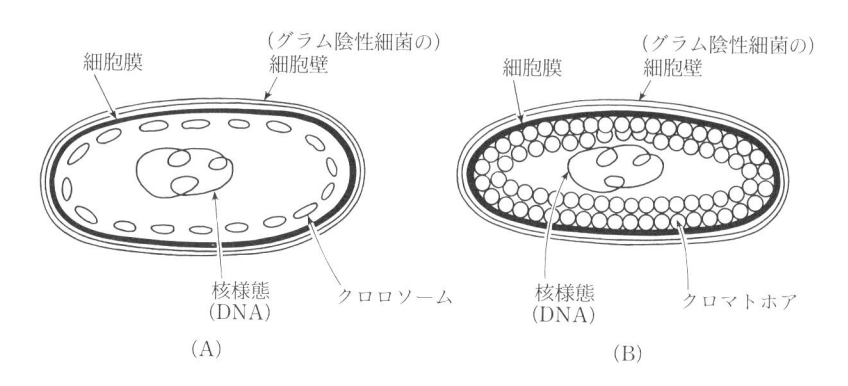

図3.9 緑色硫黄細菌のクロロソーム(A)と紅色細菌のクロマトホア(B)。シアノバクテリアについてはp.26を参照してください。

さて，ミトコンドリアとクロロプラストにもリボソームがあって，これらの細胞小器官に必要な数種類のタンパク質の生合成が行われています。そのタンパク質の種類はこれらの細胞小器官が必要とするものの一部ですから，残りは細胞質で生合成されてこれらの細胞小器官へ運ばれてきますが，とにかくこれらの細胞小器官はリボソームをもっており，その大きさは70Sです。つまり，真核生物の中に細菌的なものが存在するのです。前にも少し述べましたように，このことが細菌による病気を抗生物質で治療する場合に問題になります。

3.2.4 鞭　毛

細菌にも真核微生物にも鞭毛があり，これはそれらの微生物が泳ぐための装置です。その他に真核微生物の場合はもっと短くて数が多い繊毛というのがありこれも泳ぐための装置です。しかし，細菌にある繊毛に似た毛は泳ぐためのものではなく物体にへばり付くためのものでピリと呼ばれます。さて，細菌の鞭毛と真核微生物の鞭毛とでは太さも構造も違います。細菌の鞭

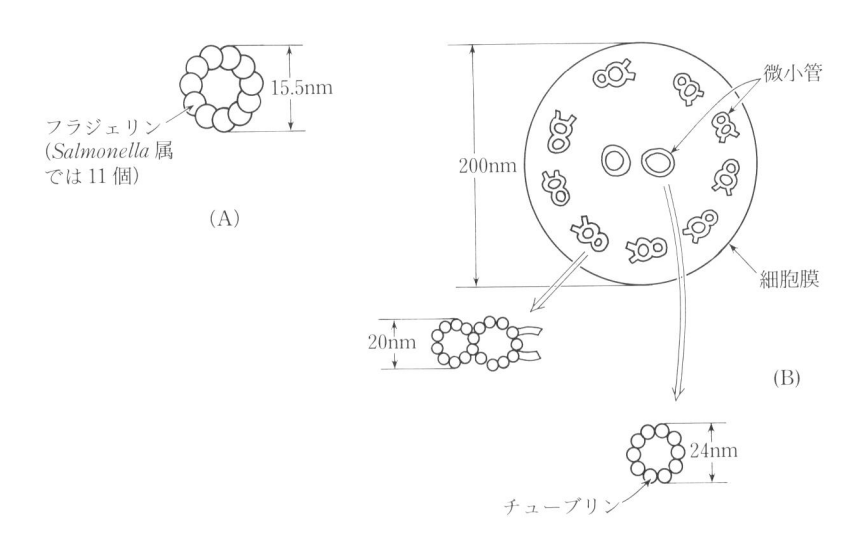

図3.10　細菌および真核微生物の鞭毛(および繊毛)の断面図
　　　　真核微生物の場合，周りに9個，中心部に2個の微小管がありますので，これを9＋2の構造といいます。

毛はフラジェリンというタンパク質がらせん状に並んでできていますが，真核微生物の鞭毛と繊毛は 9 + 2 という構造(図 3.10)をしています。真核微生物の繊毛と鞭毛は長さが異なるだけで構造は同じです。

第4章　真核微生物の形と特徴

　微生物の中で細菌(真正細菌および古細菌)と違うものを真核微生物といいます。その細胞の特徴についてはすでに述べました。ここでは真核微生物の種類，およびそれぞれの形と特徴について述べることにします。

4.1　光合成真核微生物(藻類)

　光合成というのは光のエネルギーを生命現象に必要なエネルギー(ATP，後述)に変える過程です。光合成で生きている真核微生物が光合成真核微生物で藻類と呼ばれ，ユーグレナ，ケイ藻，クラミドモナス，クロレラなどがこれに含まれます(図4.1)。

4.2　原 生 動 物

　光合成をしない真核微生物の中で，動き回ることのできるものが原生動物です。多くは鞭毛や繊毛をもっていますが，アメーバのように鞭毛や繊毛ではなく原形質の変形により動くものもいます。ゾウリムシ，テトラヒメナ，トリパノゾーマ，トリコモナスそしてアメーバなどが原生動物に含まれます(図4.2)。ただ，上記のユーグレナは鞭毛で動き回ることもできるので原生動物でもありますが，光合成もしますので通常は藻類として扱われます。

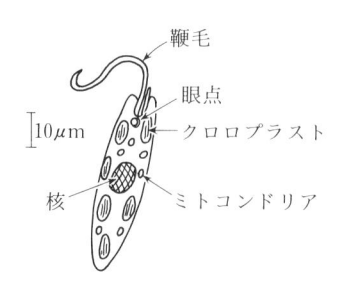

ユーグレナ（*Euglena gracilis*, ユーグレナ・グラキリス）

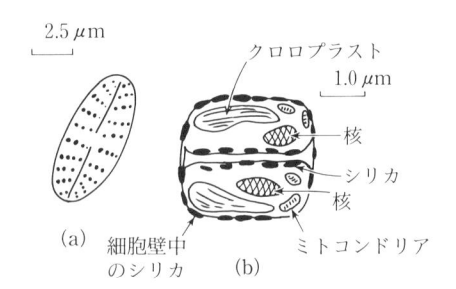

ケイ藻（*Navicula pelliculosa*, ナウィクラ・ペリクロサ）
(a) 上から見たところ
(b) 分裂している細胞の横断面

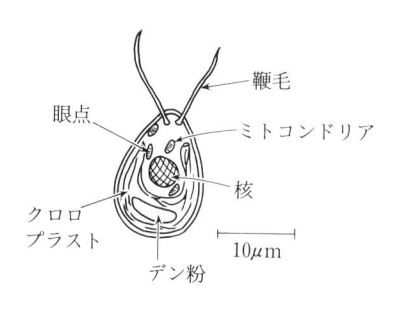

クラミドモナス
（*Chlamydomonas reinhardtii*,
クラミドモナス・レインハルティイ）

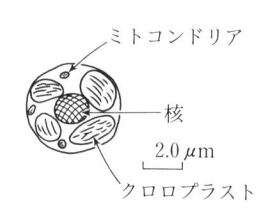

クロレラ
（*Chlorella ellipsoidea*,
クロレラ・エリプソイデア）

図4.1　2，3の藻類

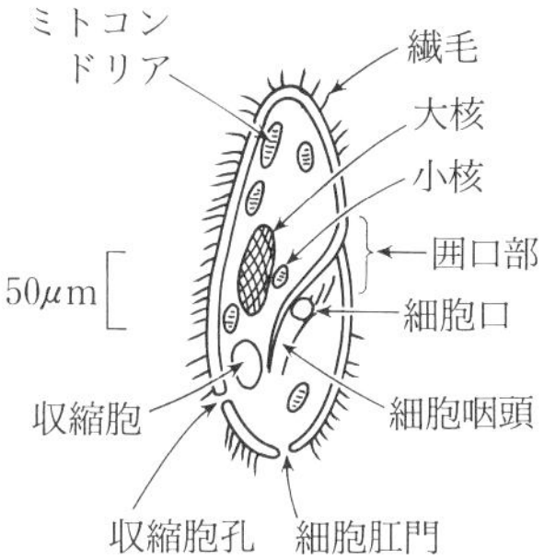
ミトコンドリア
繊毛
大核
小核
囲口部
50μm
細胞口
収縮胞
細胞咽頭
収縮胞孔
細胞肛門

ゾウリムシ（*Paramecium candatum*, パラメシウム・カンダツム）
テトラヒメナ〔(*Tetrahymena pyriformis*, テトラヒメナ・ピュリフォルミス)
もこれに似た細胞構造をしているが
大きさは1/5程度〕

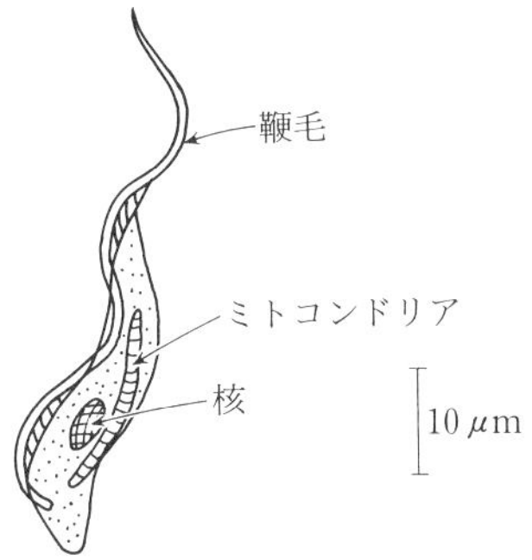
鞭毛
ミトコンドリア
核
10 μm

トリパノゾーマ（*Trypanosoma brucei*, トリパノソーマ・ブルケイ）

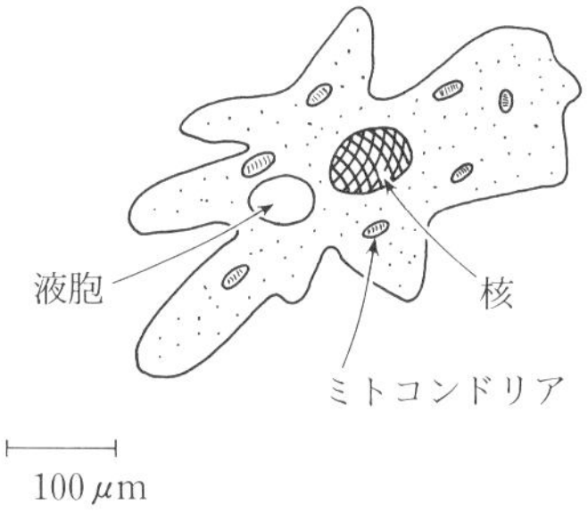
液胞
核
ミトコンドリア
100 μm

アメーバ（*Amoeba proteus*, アメーバ・プロテウス）

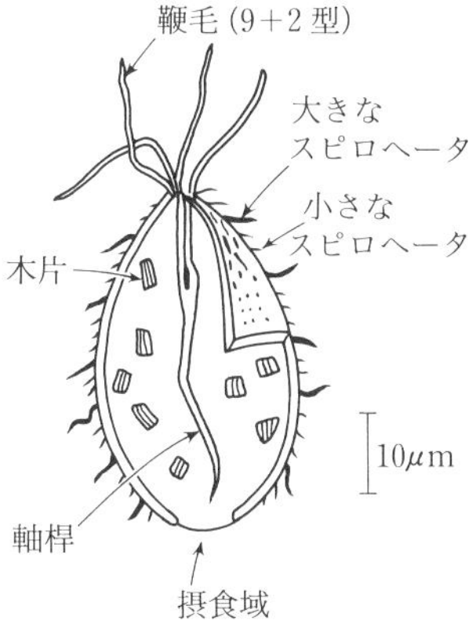
鞭毛 (9+2 型)
大きな
スピロヘータ
小さな
スピロヘータ
木片
10μm
軸桿
摂食域

シロアリの腸内に共生している
原生動物（*Myxotricha paradoxa*, ミュクソトリカ・パラドクサ）

図4.2 2，3の原生動物

4.3 カ　ビ

　アオカビやコウジカビのようなよく知られているカビは，菌糸で栄養分を摂取できる固形物にからまりついて増殖します（図4.3，4.4）。菌糸は多数の細胞が縦に連なっていて，若い菌糸では細胞間の隔壁に穴が開いています（図4.5）。菌糸をつくらないカビは鞭毛菌と呼ばれ，胞子嚢とよばれる胞子を含んだ袋が仮根で固形物に付着しており，袋のなかの鞭毛の生えた遊泳性胞子が飛び出して行き繁殖をします（図4.3）。鞭毛菌は一番未発達なカビです。クモノスカビは菌糸をつくりますが仮根ももっています。仮根は固形物に付着するのに役立ったり栄養素を吸収したりする根に似た組織ですが根ほど組織が発達していません。菌糸は多くのカビやキノコの栄養体の基本構造で糸状をしており，固形物の表面に付着あるいは内部に入り，表面から栄養素を吸収します。一方，匍匐糸というのは胞子嚢柄間を繋ぐ菌糸のようなものですが栄養素の吸収をしません。

　ケカビとクモノスカビは菌糸をつくりますが胞子のつくり方からすると，つぎに述べるアオカビやコウジカビよりは未発達なカビです。ケカビとクモノスカビは菌糸から胞子嚢柄を出してその頂点に胞子嚢をつくります。この中にできる胞子は無性胞子です。一方，雄（＋）の菌糸と雌（－）の菌糸が接合して嚢をつくり，その中に有性胞子がつくられます（図4.3）。従って，ケカビやクモノスカビは接合菌類と呼ばれます。

　次にアオカビとコウジカビ（およびコウジ菌）ですが，両者は無性胞子（分生子）をつける土台の形態が互いに違っています。しかし，有性胞子は子嚢と呼ばれる鞘の中に8個ずつ収まっています（図4.4）。というわけでこれらのカビは子嚢菌類と呼ばれます。

　アオカビはペニシリンをつくるのに，また，コウジ菌は日本酒，みそ，醤油などの醸造に用いられますが，カビの中には植物の病気の原因になるもの

4・3 カビ

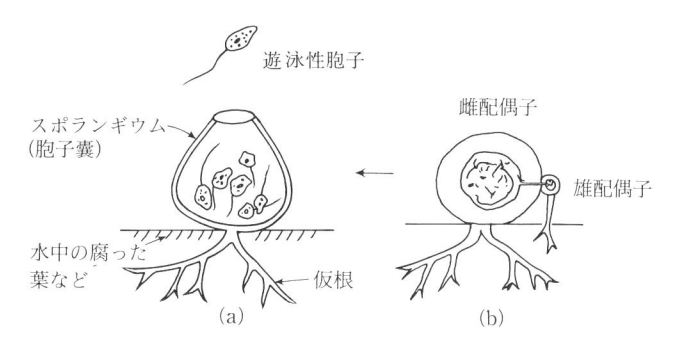

遊泳性胞子
スポランギウム（胞子嚢）
雌配偶子
雄配偶子
水中の腐った葉など
仮根
(a)　(b)

藻菌類の中の鞭毛菌に属する
ツボカビ（*Rhizophidium couchii*, リゾピディウム・コウキイ）
(b)のように接合して(a)のように胞子（遊泳性胞子）が形成されます。

(A)

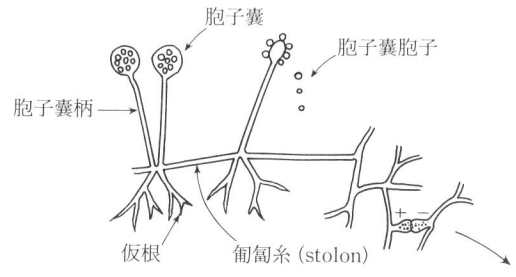

胞子嚢
胞子嚢胞子
胞子嚢柄
仮根
匍匐糸 (stolon)
接合子
接合胞子

クモノスカビ（*Rhizopus stolonfier*, リゾプス・ストロンフィエル）の胞子形成のようす。
ケカビ（例：*Mucor pusillus*, ムコール・プシルス）も胞子の形成のようすはクモノスカビに似ているが，匍匐糸や仮根がない。

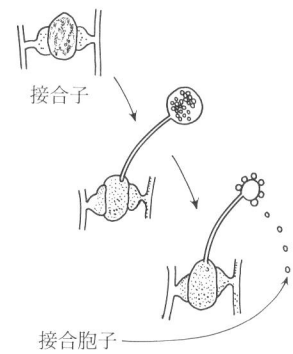

(B)

図 4.3　鞭毛菌(A)およびクモノスカビ(B)の胞子形成のようす

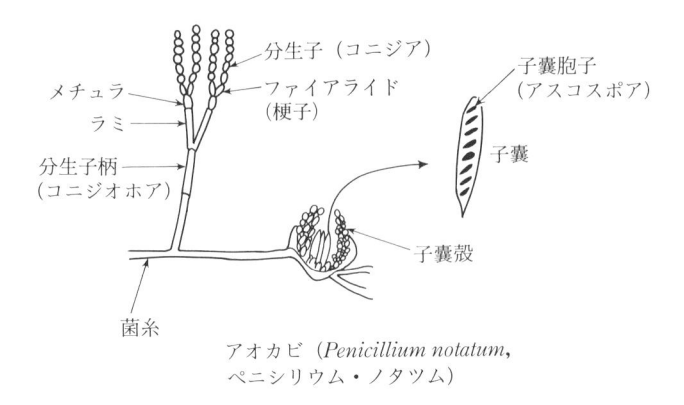

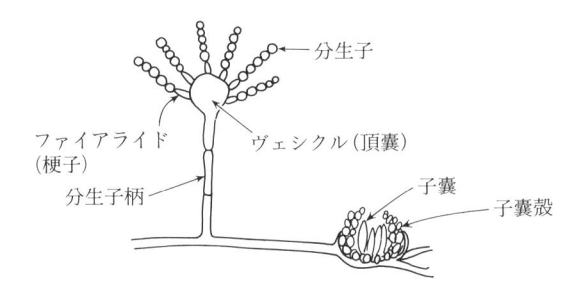

図中ラベル（アオカビ）:
- 分生子（コニジア）
- ファイアライド（梗子）
- メチュラ
- ラミ
- 分生子柄（コニジオホア）
- 菌糸
- 子嚢胞子（アスコスポア）
- 子嚢
- 子嚢殻

アオカビ（*Penicillium notatum*, ペニシリウム・ノタツム）

図中ラベル（コウジ菌）:
- 分生子
- ファイアライド（梗子）
- ヴェシクル（頂嚢）
- 分生子柄
- 子嚢
- 子嚢殻

コウジ菌（*Aspergillus oryzae*, アスペルギルス・オリュザエ）

［これはコウジカビ（*Aspergillus nidulans*, アスペルギルス・ニーデュランス）の"栽培種"］

図4.4　アオカビとコウジ菌の胞子の形態

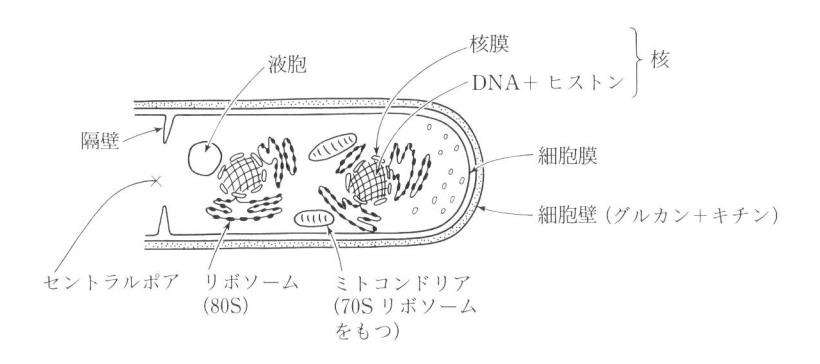

図4.5 カビの菌糸の成長先端部の細胞構造

もあります。1845-1846に，アイルランドではジャガイモがカビによるベト病[1]にやられて大飢饉が起こったのです。このジャガイモのベト病の病原菌は藻菌類のなかの鞭毛菌に属す *Phytophthora infestans*(ピュトプトラ・インフェスタンス)というカビです。イネの葉，節，穂首などが黒褐色になるいもち病は *Pyricularia oryzae*(ピリクラリア・オリュザエ)により起こります。イモチ病には抗生物質であるカスガマイシンが有効です。しかし，カビは植物に病気を起こすものばかりではありません。植物の根に付着して根をまもったり，根が植物の栄養分を吸収するのを助けてたりしている菌根菌というのが数多く知られています。

4.4 酵　母

酵母も子嚢菌の仲間ですが菌糸をつくらないのでカビとはいいません。普通の酵母は一個ずつばらばらで生育しますが，増殖するとき芽を出し，そのときは2個の細胞(大小)がくっついたものが見られます(図4.6)。分生子をつくることはありませんが細胞内に子嚢胞子をつくることがあります。だから子嚢菌の仲間に入れられているのです。

---

[1] 藻菌類に属するカビの寄生によって茎や葉が枯れる作物の病気です

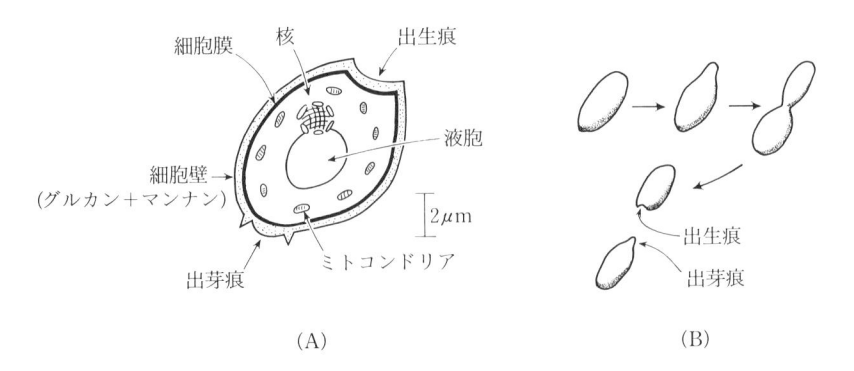

図 4.6 酵母(*Saccharomyces cervisiae*，サッカロミセス・ケレウィシアエ)の細胞構造と出芽による増殖のようす

4.5 キノコ

マツタケやシイタケなどは菌糸によっても増殖しますが，子実体をつくりその中で有性胞子をつくり，この胞子によっても増殖します。キノコの多くは担子菌に属しますが，その胞子のつくりかたはカビの子嚢胞子のつくりかたとは異なっています。雄と雌の菌糸が接合して二核になっても核が融合せず細胞分裂を繰り返し，子実体をつくってから担子器の中で融合します(図4.7)。その後，2回減数分裂して4個の胞子をつくります。そしてそれらが独特のメカニズムで放出されていきます。このようにして形成されて放出される胞子は担子胞子と呼ばれ，担子胞子をつくるキノコは担子菌類と呼ばれます。しかし，キノコの中にも胞子のつくりかたを考慮すると子嚢菌類に属するものもあります。

4.6 地 衣

古くなった墓石の上に灰白色から灰緑色の薄い膜のように広がっているのはウメノキゴケと呼ばれる地衣です。地衣は緑藻あるいはシアノバクテリア

4・6 地　衣　　　　　　　　　　　　　　　　　　　　　　　　　　　　　49

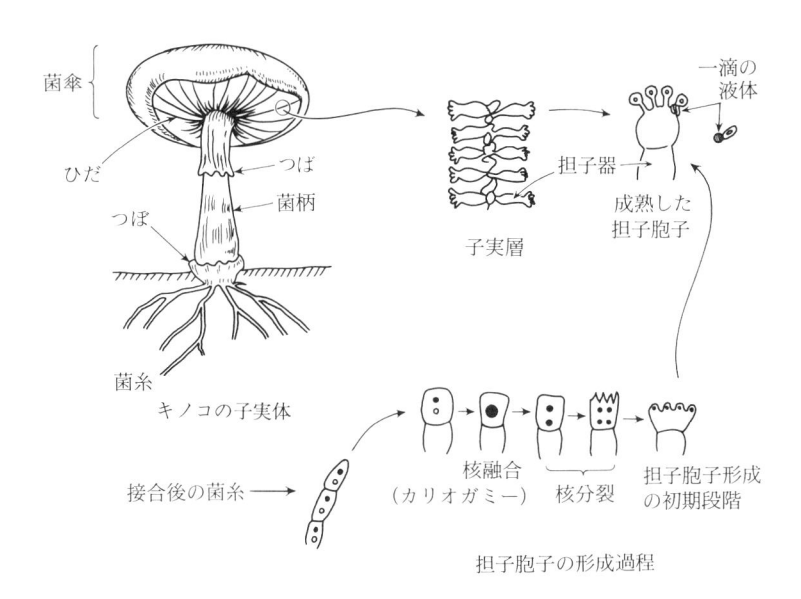

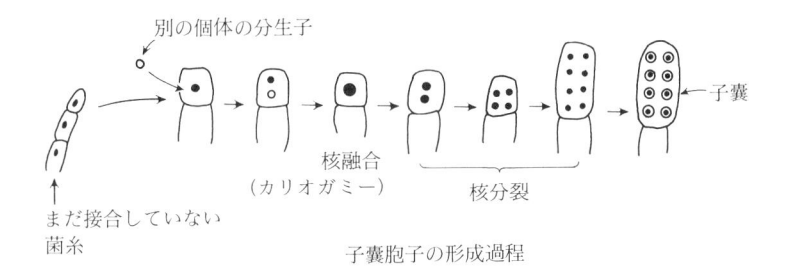

図 4.7　キノコの子実体の形態と、担子胞子および子嚢胞子の形成過程

とカビの共生体で，多くの種があります。サルオガセ（厳密には，たとえばサルオガセ属のナガサルオガセやヒゲサルオガセ）も地衣です。地衣は，カビがつくった"巣"の中で緑藻あるいはシアノバクテリアが水分と塩類をもらいながら光合成をして，生成した有機物をカビに与えている共生体と考えられます。現在では，地衣から取り出した緑藻やシアノバクテリアあるいはカビを別々に培養することができるようになりました。地衣から取り出したカビは生育が非常に遅く数十倍に増やそうと思えば3-4か月もかかります。どうしてこのカビの生育が遅いのかはまだ分かりません。

第5章　細菌の形

　細菌には真正細菌と古細菌とがあり，その違いはすでに述べたとおり細胞壁がペプチドグリカンかそうでないかということや，また，細胞膜をつくるリン脂質が，真正細菌ではグリセロールの脂肪酸エステルからできているのに，古細菌ではグリセロールと炭化水素とのエーテルからできているということなどです。もっとも，最近，グリセロールと炭化水素とのエーテルをふくむ細胞膜をもつ2，3の真正細菌が見つかりました。しかし，古細菌の細胞膜リン脂質がグリセロールのエーテルを構造の基本にしていることには変わりはありません。細胞膜を構成するリン脂質の構造が違うとはいえ，真正細菌も古細菌も形においては同じである場合がほとんどです[1]。この章では主に細菌の形について考えてみましょう。

　図5.1に示したように，細菌には球状の球菌(英：coccus，複数形はcocci)，短い棒状の桿菌(英：rod，複数形はrods)，少し長い桿菌が曲がったビブリオ(英：vibrio，複数形はvibrios)，比較的長くてらせん状になっているスピリルム(英：spirillum，複数形はspirilla)，幅に比較して非常に長いスピロヘータ(英：spirochete，複数形はspirochetes)などがあります。そして，特に桿菌の場合は，それぞれに鞭毛の生えかた，また球菌の場合は集まりかたなどで色々な細菌のタイプができるのです。

　球菌には，グラム染色の陰性，陽性や色々な生理的性質等を考えて，*Pa-*

---

[1] 古細菌のなかには三角形をしたものなど変わった形のものもあります。

形	一般の名称	属名例
○	球菌	*Micrococcus*（ミクロコッカス），*Paracoccus*（パラコッカス）
 ◯	桿菌	*Bacillus*（バチルス）
 ◯〜	（極毛桿菌）	*Pseudomonas*（プスードモナスまたはシュードモナス）
 ～	ビブリオ	*Vibrio*（ビブリオ）
 〜〜	スピリルム	*Spirillum*（スピリルム），*Magnetospirillum*（マグネトスピリルム）
 ○○○○○	連鎖球菌	*Streptococcus*（ストレプトコッカス）
 🍇	ブドウ球菌	*Staphylococcus*（スタピュロコッカス）
⬡	8連球菌	*Sarcina*（サルキナ）
 〰〰〰	スピロヘータ (0.2-0.75μm × 5-250μm)	*Spirochaeta*（スピロヘータ）
 🧪	有柄細菌	*Caulobacter*（カウロバクテル）
 V ⟿	コリネ型桿菌	*Corynebacterium*（コリネバクテリウム）
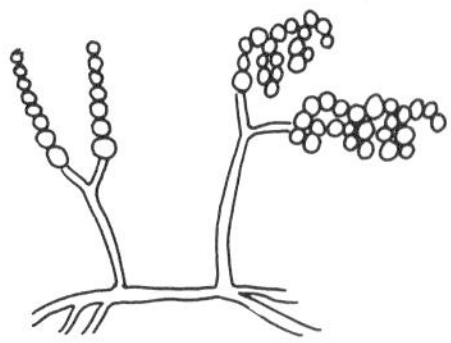 🌳	放線菌	*Streptomyces*（ストレプトミセス）

図5.1 細菌の色々な細胞形態

racoccus(パラコッカス), Micrococcus(ミクロコッカス)等の属名がついています。桿菌は, Bacillus(バチルス)属に属しますが, 極毛が1本ないし数本あると Pseudomonas(プスードモナス)[2]属になります。コンマ状の形をしたものはビブリオで多くは鞭毛を使ってよく動き, Vibrio(ビブリオ)属というのがありますが, さらに, 生理的性質を考慮しますと Desulfovibrio(デスルホビブリオ)(硫酸還元をするビブリオ)のような属名になります。ビブリオよりももう少し長いらせん状の細菌は Spirillum(スピリルム)属ですが, 紅色でらせん状の光合成細菌には Rhodospirillum(ロドスピリルム)属があります。また磁石をもっている Spirillum 属は Magnetospirillum(マグネトスピリルム)属に属します。

　球菌が一列に連なった細菌は Streptococcus(ストレプトコッカス)属といいますし, ブドウの房のようになる球菌は Staphylococcus(スタピュロコッカス)属に属します。球菌が8個立方体状に並んだ8連球菌は Sarcina(サルキナ)属と呼ばれます。生理的性質と合わせて, たとえばメタンを生成する8連球菌であれば, Methanosarcina(メタノサルキナ)属と呼ばれます。スピロヘータは, たとえば, 幅が$0.5\mu m$で長さが$30\mu m$というように非常に細長い細菌です。そして互いに方向の違う軸索が2本走っています。桿菌に柄のついた有柄細菌があり Caulobacter(カウロバクテル)属を形成しています。この細菌は, 柄の先で物体に付着していますが, 分裂してできた娘細胞は鞭毛で泳ぎます。やがて物体に付着すると有柄になります(図5.2)。Caulobacter 属の細菌は数個が集まり花のようになることがあり, これは Caulobacter ロゼット(rossete)と呼ばれます。小さな桿状の細胞が2個ずつ横に, あるいは多数横にくっつき合った細菌に Corynebacterium(コリネバクテリウム)属があります。Corynebacterium 属, Mycobacterium(ミコバクテリウム)属, Nocardia(ノカルディア)属は桿状の細胞の長さは違っていても細胞同士互いによくくっつき合うところが似ています。さらに Streptomyces(ストレプトミセス)属の細菌はカビに似ていて分生子をつくります。

---

[2] シュードモナスともいわれます。

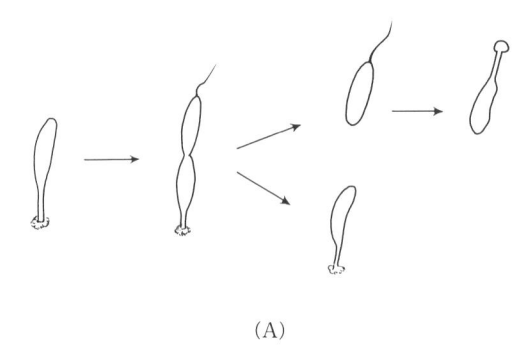

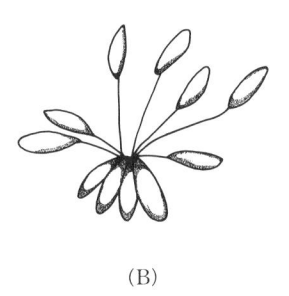

図 5.2 *Caulobacter* 属の細菌分裂のようす(A)と *Caulobacter* ロゼット(B)。

第6章　エネルギーの獲得方法

　生物は生きていくために，生命現象に必要なエネルギーをつくらなければなりません。そのエネルギーというのは成長（生体物質の生合成），運動などに必要なもので，ほとんどの場合 ATP（アデノシン -5'- 三リン酸）という

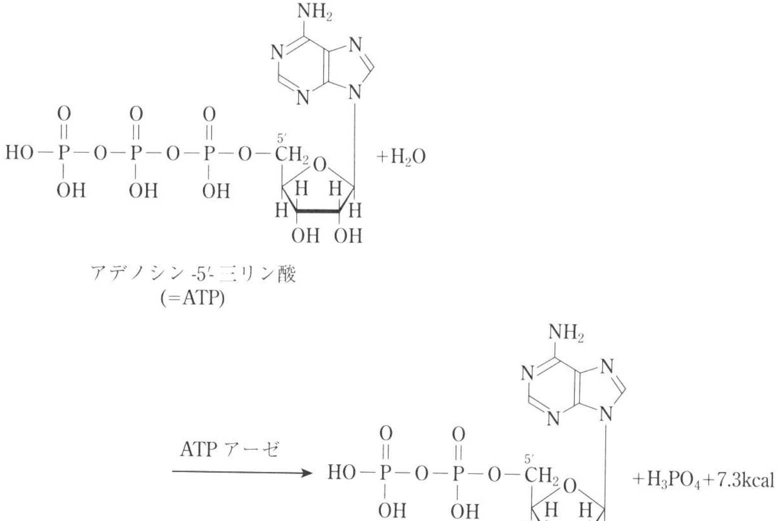

アデノシン -5'-三リン酸
(=ATP)

ATP アーゼ

アデノシン -5'-二リン酸
(=ADP)

図6.1　ATP および ADP の構造

化合物に貯蔵され，またこの化合物の形で使われます．ATPがATPアーゼという酵素の作用でADP(アデノシン-5'-二リン酸)とリン酸に加水分解されるとき1 molについて約7.3 kcalのエネルギーを放出します(図6.1)ので，生物はこのエネルギーを利用するのです．

図6.1の関係を表わすのに，普通は次のように書きます．

$$\text{ATP} + \text{H}_2\text{O} \longrightarrow \text{ADP} + \text{H}_3\text{PO}_4 + 7.3 \text{ kcal} \qquad (6.1)$$

ATPとADPを合わせた量はどんな生物にもごく少量しかありません．ATPを使えばすぐなくなりADPが蓄積しますのでエネルギーをつぎ込んでADPをATPに変化させる必要があります．そのために人間でも微生物でも生物は食物(微生物の場合は餌というべきでしょうか)を食べる必要があります(図6.2)．

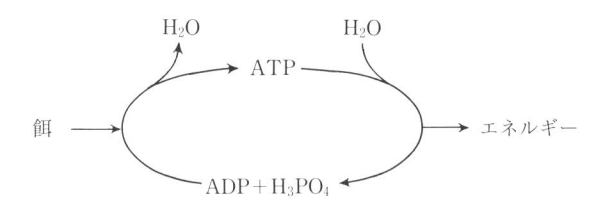

図6.2 生物はなぜ食物または餌を食べる必要があるかということを示す概念図

食物から抜き取られた水素原子ないしは電子が，細胞内の電子伝達系と呼ばれる酵素やタンパク質の集合体を通過して分子状酸素に渡される間に放出されるエネルギーを利用して，ATPが合成されるのです．これが一般の呼吸と呼ばれるATPのつくり方ですが，微生物の場合は，食べ物が無機物のこともあるし，分子状酸素のかわりにそれ以外の無機物を使うこともあります．これらについては，後ほどくわしく述べますが，色々な微生物がATPをつくるための条件について考えてみましょう．その概略は表6.1に示す通りです．

表6.1. 種々の微生物によってATPをつくるための条件が違う

光合成（光のエネルギーを利用する）
　無機物のみを食べる（独立栄養光合成微生物）
　　　　藻類　　　　　　　　好気性
　　　　シアノバクテリア　　好気性
　　　　独立栄養光合成細菌　嫌気性[a]
　有機物を食べる（従属栄養光合成細菌）
　　　　従属栄養光合成細菌　嫌気性[b]

化学合成（光のエネルギーを利用できない）
　無機物のみを食べる（独立栄養化学合成細菌）
　　　　硫黄酸化細菌　　　　好気性
　　　　アンモニア酸化細菌　好気性
　　　　亜硝酸酸化細菌　　　好気性
　　　　鉄酸化細菌　　　　　好気性
　　　　水素酸化細菌　　　　好気性
　有機物を食べる（従属栄養化学合成微生物）
　　　　原生動物　　　　　　好気性
　　　　カビ，キノコ　　　　好気性
　　　　酵母　　　　　　　　好気性，(嫌気性)[c]
　　　　細菌　　　　　　　　好気性細菌（O_2を必要とする）
　　　　　　　　　　　　　　任意嫌気性細菌（O_2がなくても生育する）[d]
　　　　　　　　　　　　　　絶対嫌気性細菌（O_2があっては生育できない）[d]

a　光合成をせずに微好気的条件下で生育できるものもあります。
b　光合成をせずに好気的条件下でも生育できます。
c　本来好気性生物ですが，O_2が利用できないときは発酵で生育できます。
d　O_2がないときの生育は発酵による場合と呼吸による場合とがありますが，両者の違いについてはもう少し後で述べます。

6.1　酸素を発生する光合成微生物

　光のエネルギーを用いてH_2Oを酸化してATPと還元剤を生成し，CO_2から有機物を生合成する微生物で，これらはすべて独立栄養生物です．この様子を概念的に示すと図6.3のようになります．反応は光を必要とする部分

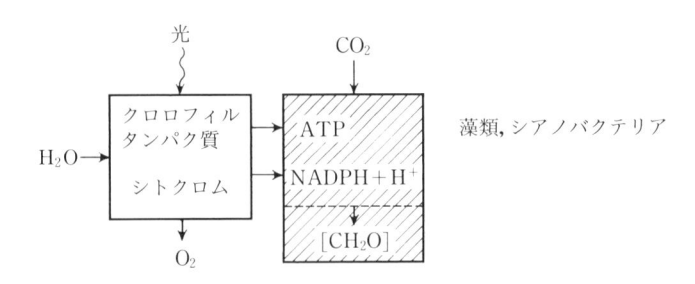

```
        光       CO₂
         ↓        ↓
      ┌──────┐ ┌──────┐
      │クロロフィル│→│ ATP  │    藻類, シアノバクテリア
 H₂O →│タンパク質 │ │      │
      │ シトクロム│→│NADPH+H⁺│
      └──────┘ └──────┘
         ↓        ↓
         O₂     [CH₂O]
```

図6.3 O_2を発生する光合成微生物が光のエネルギーを利用するようすを示す概念図　[CH₂O]は生合成された有機物を表わす(以下同じ)

＊シアノバクテリアはO_2を出す光合成細菌に分類されていますが，光合成のメカニズムでは藻類と同じですのでここに記しました。シアノバクテリアは細胞の構造からすると細菌に属し，光合成系からすると藻類に属することになります。

(明反応)[1]と光が不必要な部分(暗反応)とあります。クロロフィルタンパク質とシトクロムの概略は図6.6に示してあります。NADPHは次に述べるように生体の還元剤です(図6.4)。藻類やシアノバクテリアがこの生物に属しますが，高等植物も光合成のからくりに関しては同じ仲間です。ただ，細胞の構造に関してはすでに述べたように，シアノバクテリアは細菌に属します。

NAD⁺やNADP⁺の酸化還元では(ピリジン環 4位CONH₂構造)の4位のCにHが付いたり離れたりしますので，これ以外の部分をRで表わしますと，

NAD⁺もNADP⁺も(N-R置換ピリジン-3-カルボキサミド構造)と表わせます。したがって，

---

[1] 現在は光合成初期反応と呼ばれますが，ここでいう明反応は初期過程＋電子伝達＋光リン酸化を指します。

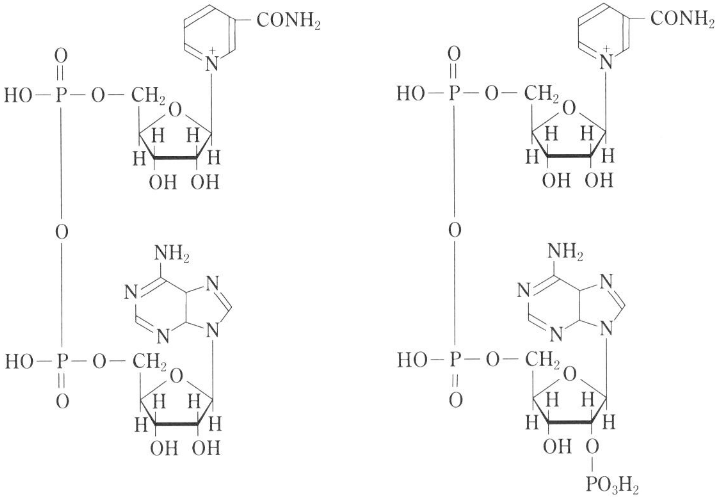

6·1 酵素を発生する光合成微生物

ニコチンアミドアデニン
ジヌクレオチドの酸化型
(=NAD$^+$)

ニコチンアミドアデニン
ジヌクレオチドリン酸の酸化型
(=NADP$^+$)

図 6.4　NAD$^+$ および NADP$^+$ の構造

NAD$^+$ や NADP$^+$ に水素が結合したり離れたりする反応は，

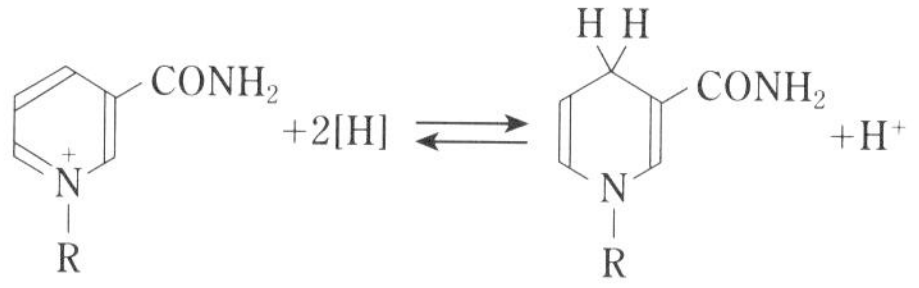

$$\text{（式）} + 2[H] \rightleftharpoons \text{（式）} + H^+ \tag{6.2}$$

と表わされます。これをもっと簡単に，しかも NAD$^+$ と NADP$^+$ を区別して表わしますと，

$$NAD^+ + 2[H] \rightleftharpoons NADH + H^+ \tag{6.3}$$

$$NADP^+ + 2[H] \rightleftharpoons NADPH + H^+ \tag{6.4}$$

となります。([H] は化合物の中の水素原子です。)

　独立栄養生物は細胞構成物質をつくるのに CO_2 を還元しなければなりません。その還元経路は複雑なので省略しますが，還元剤として用いられる NADPH および NADH について述べましょう。NADP はニコチンアミド

アデニンジヌクレオチドリン酸でNADはニコチンアミドアデニンジヌクレオチドです。式(6.3)と(6.4)に示したようにこれらの化合物は水素原子を受け取ったりそれを放出したりします。それで水素原子を放出した形を酸化型といい$NADP^+$およびNAD^+で表わし，また水素原子を取り込んだ形を還元型といいNADPHおよびNADHで表わします。

また，$NADP^+$とNAD^+の両方を表わすときは$NAD(P)^+$とし，NADPHとNADHの両方を表わすときはNAD(P)Hとします。そうしますと，$NAD(P)^+$に水素原子が付いたり離れたりする反応は次のように表わされます。

$$NAD(P)^+ + 2\,[H] \rightleftarrows NAD(P)H + H^+ \qquad (6.5)$$

6.2 独立栄養光合成細菌

独立栄養光合成細菌は，硫化水素や単体硫黄などを光のエネルギーを用いて酸化してATPとNAD(P)Hをつくり，CO_2から生体物質を合成します（図6.5）。

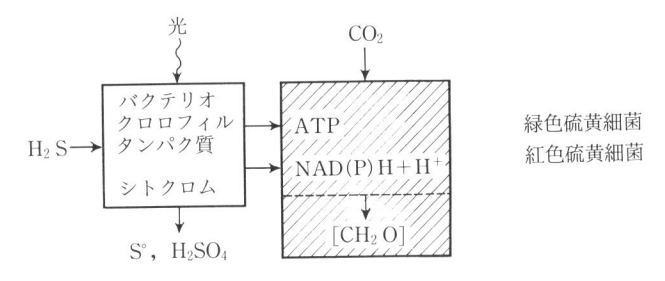

図6.5 独立栄養光合成細菌が光のエネルギーを利用するようすを示す概念図

独立栄養光合成細菌には，緑色硫黄細菌と紅色硫黄細菌とがあります。緑色硫黄細菌はO_2があっては生育できませんが，紅色硫黄細菌は分圧の低いO_2の存在下では呼吸でATPをつくって生育します。呼吸というのは，光のエネルギーを使わずに，有機物や無機物をO_2(硝酸塩などの場合もある)で酸化してATPをつくる過程です（後述）。

6·2 独立栄養光合成細菌

　以上に述べた光合成生物は，光を利用するためそれを吸収しなければなりません。そのためにクロロフィルをもっています。緑藻類はクロロフィルaとbをもっていますが，シアノバクテリアはクロロフィルaのみをもっています。また多くの光合成細菌はバクテリオクロロフィルaとbをもっていますが，緑色硫黄細菌はバクテリオクロロフィルa, c, dをもっています。クロロフィルやバクテリオクロロフィルが生体の中にあるときはタンパク質と結合して，クロロフィルタンパク質やバクテリオクロロフィルタンパク質となって存在します。また，シトクロムというのは，クロロフィルに似た化合物ですが，ポルフィリンにマグネシウムの代わりに鉄の入った化合物であるヘムにタンパク質が結合したものです。

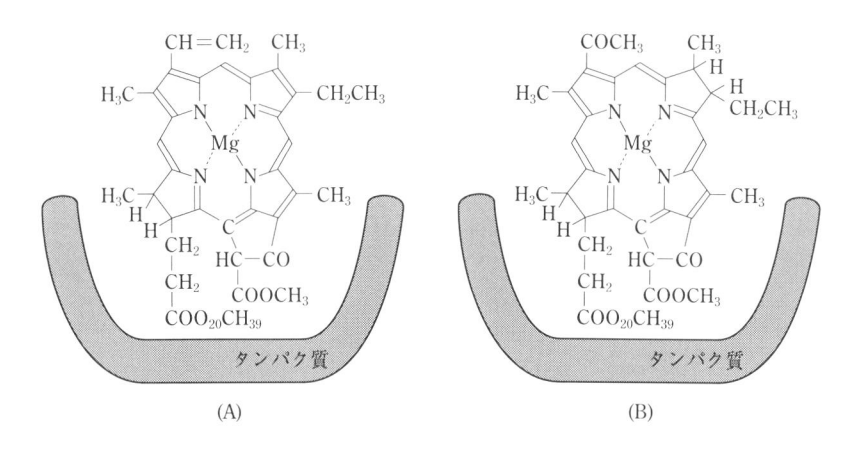

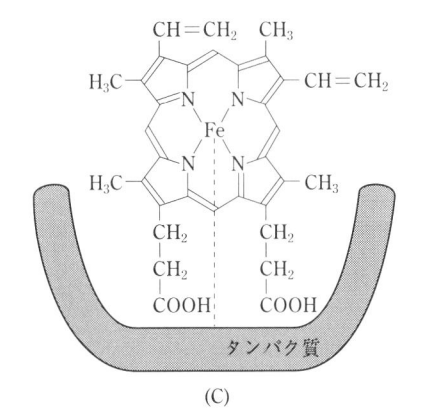

図6.6　クロロフィルaタンパク質(A)，バクテリオクロロフィルaタンパク質(B)およびシトクロムb(C)の概略図

ヘムとタンパク質の結合したものをヘムタンパク質といい，その中にはシトクロムとヘモグロビンがあります．ヘモグロビンはヘムの中の鉄が2価のときだけO_2を結合したり離したりという機能を果たしますが，シトクロムはヘムの中の鉄が2価，3価をくりかえすことで機能を果たします．

6.3　従属栄養光合成細菌

　この細菌はリンゴ酸やグルタミン酸のような有機酸を光のエネルギーを用いて酸化し，ATPをつくります．有機物を食べるので，特にCO_2を還元する必要はなく，光のエネルギーはもっぱらATPをつくるのに利用されます．そして，そのATPを使って外から得られた有機物を自分の必要な化合物に変えます（図6.7）．

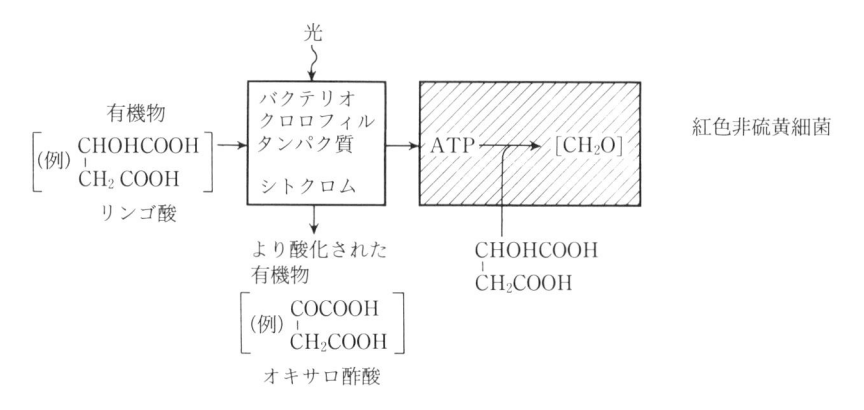

図6.7　従属栄養光合成細菌が光のエネルギーを利用するようすを示す概念図

6.4　独立栄養化学合成細菌

　このグループの細菌は無機物をO_2（NO_3^-の場合もある）で酸化してATPとNAD(P)Hをつくり，CO_2から有機物をつくります．光のエネルギーを

6・4 独立栄養化学合成細菌

利用できないことを除けば,独立栄養光合成細菌によく似ています(図6.8)。このグループに含まれる細菌は,アンモニア酸化細菌,亜硝酸酸化細菌,硫黄酸化細菌,鉄酸化細菌などです。メタン生成細菌にも独立栄養細菌のものがありますが,これは嫌気性細菌でO_2は使いませんし,CO_2を還元するための還元剤として$NAD(P)H$をつくる必要はなく,H_2を使います。

メタン生成細菌がメタンを生成するのはATPをつくるためです。H_2をCO_2で酸化してATPをつくり,結果としてメタンができるのです(図6.9)。したがって,メタン生成菌によるメタンの生成は二酸化炭素呼吸(または炭酸呼吸)と呼ばれます。

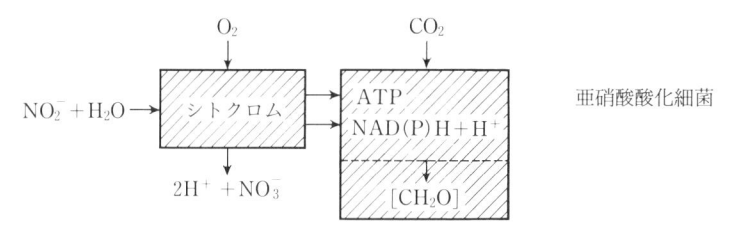

図6.8 独立栄養化学合成細菌が無機物を酸化する必要性を亜硝酸酸化細菌を例として示す概念図

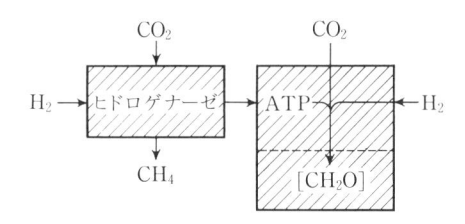

図6.9 独立栄養メタン生成細菌がメタンをつくることの必要性を示す概念図

6.5 従属栄養化学合成微生物

このグループに含まれるものには，有機物を O_2 で酸化する微生物の他に，NO_3^- や SO_4^{2-} などで有機物を酸化する細菌があります。また，O_2 のないところで有機物を有機物で酸化する微生物もあります。有機物を O_2 で酸化しても NO_3^-，SO_4^{2-} などで酸化してもそれらの過程は呼吸と呼ばれますが，O_2 のないところで有機物を有機物で酸化する過程は発酵と呼ばれます。発酵をするものは細菌に限らず真核生物にもあります。

6.5.1 有機物を O_2 で酸化する微生物

この様式の呼吸は微生物に限らず，高等動植物もします。微生物の中では，原生動物，カビ，キノコ，酵母およびおおくの好気性細菌がこの呼吸をします（図 6.10）。

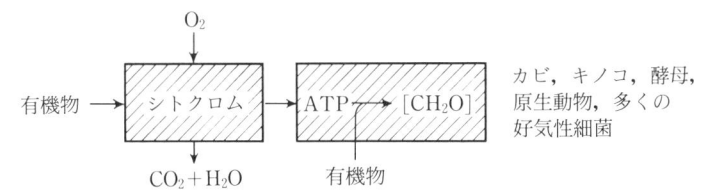

図 6.10 微生物が有機物を O_2 で酸化して得られるエネルギーを利用することを示す概念図

6.5.2 有機物を NO_3^- で酸化する微生物

有機物を NO_3^- で酸化して ATP をつくる過程は硝酸呼吸といい，これをする細菌は脱窒菌とよばれます（図 6.11）。細菌だけでなくカビにも硝酸呼吸をするものがあります。

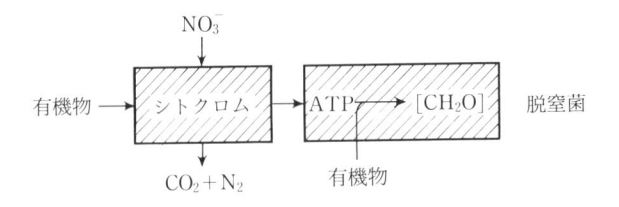

図 6.11 硝酸呼吸で得られるエネルギーを利用することを示す概念図

6.5.3 有機物を SO_4^{2-} で酸化する細菌

有機物を SO_4^{2-} で酸化して ATP をつくる過程は硫酸呼吸と呼ばれ，硫酸還元菌がこれをします(図 6.12)。

SO_4^{2-} は ATP と酵素的に反応して APS(アデノシン -5'- ホスホ硫酸またはアデニリル硫酸) (図 6.13)になってから反応します。

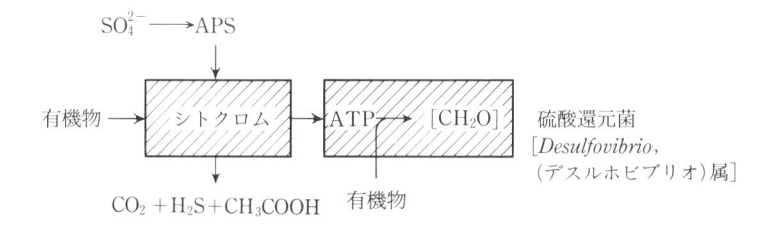

図 6.12 硫酸呼吸で得られるエネルギーを利用することを示す概念図

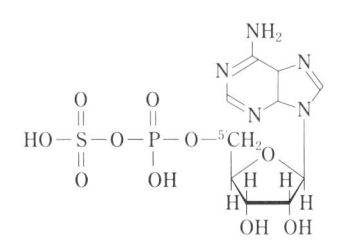

APS (アデノシン -5'- ホスホ硫酸，アデニリル硫酸)

図 6.13 APS の構造

6.5.4 発　酵

O_2 の利用できないところで，微生物が有機物を有機物で酸化して ATP をつくる過程を発酵といいます。たとえば，アルコール発酵や乳酸発酵がそれです(図 6.14)。発酵をする微生物には，O_2 があれば呼吸をするもの(任意嫌気性生物)もありますが，O_2 があっては生育しないもの(絶対嫌気性細菌)もあります。

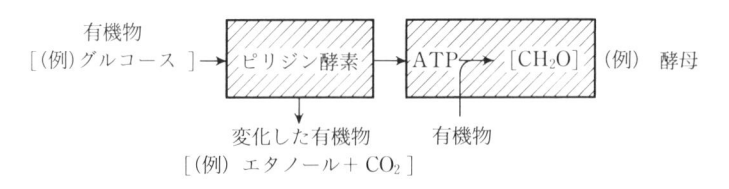

```
有機物
[(例)グルコース] → │ピリジン酵素│→ ATP →│[CH₂O]│ (例) 酵母
                        │                    │
                        ↓                    │
                    変化した有機物          有機物
                [(例) エタノール + CO₂]
```

図 6.14 発酵により得られるエネルギーを利用することを示す概念図（酵母は O_2 が利用できるときは呼吸で生育し，O_2 が利用できないときにアルコール発酵で生育します。）

　呼吸と発酵の根本的な違いは，ATP をつくるメカニズムにあります。発酵では，すべての ATP が，中間体として生じた有機物のリン酸化合物のリン酸基を ADP に渡すことにより生合成されます（基質レベルのリン酸化）。たとえば，グリセルアルデヒド -3- リン酸が NAD^+ を介してアセトアルデヒドで酸化されますと（これらの反応には酵素が関与しますが），1,3- ジホスホグリセリン酸（中間体）が生じ，この物質のリン酸基の１つが ADP に渡されて ATP が生成します。一方，アセトアルデヒトは還元されてエタノールになります。すなわち，グリセルアルデヒド -3- リン酸（有機物）がアセトアルデヒト（有機物）により酸化されて ATP が生成したわけです。これに対して，呼吸では基質レベルのリン酸化も含まれている場合がほとんどですが，その他に有機物や無機物の酸化のエネルギーで与えられた水素イオンの電気化学ポテンシャルを利用して ATP 合成酵素が ATP を生合成（酸化的リン酸化）するという過程が含まれています。光合成における ATP の生合成メカニズムも，水素イオンと ATP 合成酵素が関与している点では呼吸と同じですが，水素イオンに電気化学ポテンシャルを与えるエネルギー源が光です（光リン酸化）。

第7章　微生物の生育

　微生物，特に細菌の中には非常に速く増えるものがありますが，中には非常にゆっくりとしか増えないものもあります。一般に微生物（といっても主に単細胞のものですが），特に細菌の増殖を扱うにはどのようにしたらよいかを考えてみます。

7.1　生育曲線

　細菌を植え付けてから細胞数の増加を調べてみると，大体図7.1に示したような曲線を描きます。この曲線を生育曲線あるいは増殖曲線といいます。

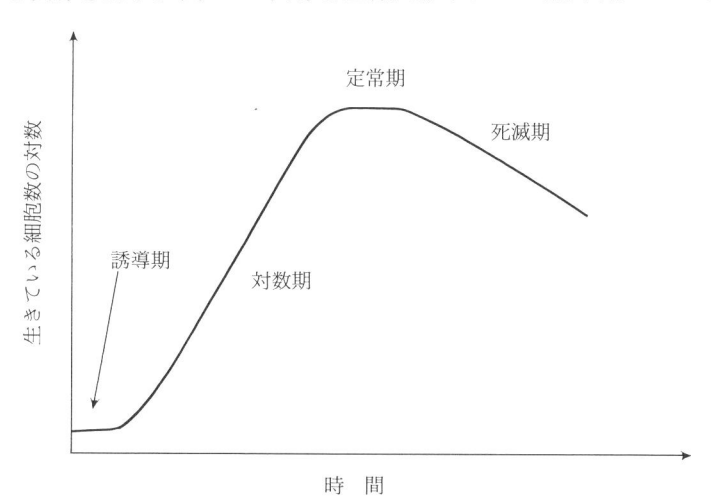

図7.1　細菌の生育曲線

対数期においては,

(細菌の生育の速さ) = μ × (生きている細胞数またはそれに比例する量)

で表わされますが,このときのμを生育定数または増殖定数といいます。いま,Nを生きている細胞数,tを時間としますと,

$$\frac{dN}{dt} = \mu N \tag{7.1}$$

と表わされます。

Nの代わりにこれに比例する量,たとえば細胞の質量,細胞のある成分の量,あるいは濁りでもよいのですが,実験のやりやすさからいって,濁りを用いる場合が多いのです。ただ,濁りは細胞数に比例していても生きている細胞数に比例しているとはいえません。多くの場合,定常期までは濁りを生きている細胞数に比例するものとして測定結果を処理することができます。そして濁りは660nmの吸光度で測定できます。しかしながら,これから述べます計算では,一番わかりやすいと思われる生きている細胞の数を用いることにします。生きている細胞の数の測定方法は後で述べます。式(7.1)を時間に関して積分しますと

$$N = N_0 e^{\mu(t-t_0)} \tag{7.2}$$

となります。両辺の自然対数(ln)をとりますと

$$\ln N - \ln N_0 = \mu(t-t_0) \tag{7.3}$$

となります。NとN_0はそれぞれ時間tとt_0の細胞数です。lnを常用対数(log)にしますと,式(7.4)が得られます。

$$\log N - \log N_0 = \frac{\mu}{2.303}(t-t_0) \tag{7.4}$$

ここからμは式(7.5)のように表わされます。

$$\mu = \frac{(\log N - \log N_0) \times 2.303}{t-t_0} \tag{7.5}$$

いま,もしt_0において10^4個/mlの生きている細胞を含む培養液の中の細胞数が,4時間(4h)後に10^8個/mlになったとしますと

$$\mu = \frac{(8-4) \times 2.303}{4} = 2.303 \text{ h}^{-1}$$

7・1 生育曲線

となります。式(7.4)において，$t-t_0=T$ の間に $N=2N_0$，つまり細胞数が 2 倍になったとしますと，この T は分裂したばかりの細胞が次に分裂するまでの時間であり，これを倍増時間(ダブリングタイム，doubling time)または世代時間(generation time)といいます。この関係をもう一度式(7.4)を用いて表わしますと

$$\log 2N_0 - \log N_0 = \frac{\mu}{2.303}(t-t_0) \tag{7.6}$$

となりますから

$$\mu = \frac{2.303 \log 2}{T} \tag{7.7}$$

となります。上の例では $\mu=2.303$ でありましたから $T=\log 2=0.3\,\mathrm{h}$ あるいは 18 min ということになります(ここでは $\log 2=0.3$ とします)。T を求める一般式は次のようにして導くことができます。

$$\log N - \log N_0 = \frac{\mu}{2.303}(t-t_0) = \frac{\log 2}{T}(t-t_0)$$

$$\left(なぜなら \mu = \frac{2.303 \log 2}{T}\right)$$

$$T = \frac{(t-t_0)\log 2}{\log N - \log N_0} \tag{7.8}$$

となり，$t_0=0$ としますと

$$T = \frac{t \log 2}{\log N - \log N_0} \tag{7.9}$$

となります。T は細菌により，また培養条件により異なりますが，たとえば，*Vibrio natriegenes*(ビブリオ・ナトリエゲネス)では 37 ℃ で 0.16 h と短く，*Mycobacterium tuberculosis*(ミコバクテリウム・ツベルクロシス)では 37 ℃ で 6 h, *Nitrobacter winogradskyi*(ニトロバクテル・ウィノグラドスキイ)では 27 ℃ で 20 h と大変長くなっています。

大腸菌(*Escherichia coli*, エスケリア・コリ)は 40 ℃ で 20 分に 1 回分裂し，T は 1/3 h となりますので，1 個の細胞から出発しますと 50 h 後の細胞数は

$$\frac{1}{3} = \frac{50 \log 2}{\log N - \log N_0}$$

$\log N - \log N_0 = 150 \times 0.3 = 45$（ただし，$\log 2 = 0.3$ とします）
と計算されます。

1個の細胞から出発したのだから　$\log N_0 = 0$

$$N = 10^{45}（個）$$

大腸菌1個の質量は 10^{-12} g だから，10^{45} 個の質量は 10^{33} g となります。地球の質量は 6×10^{27} g（$= 6 \times 10^{21}$ t）でありますから，この大腸菌の質量は地球の質量の 1.7×10^{5} 倍であるということになります。このようなことはありえません。実際には，こんなに増加することはありません。といいますのは，食べる物がなくなったり，排泄物にやられたりするため，増殖が途中で止まるのです。つまり，図7.1における定常期を経てやがて死滅期へと進むわけです。

7.2　生きている細菌数の測定

　細菌(あるいは単細胞微生物)の全体の数は顕微鏡で見て数えることができます。それでは生きている細菌の数，つまり生菌数はどのようにして数えたらよいでしょうか。すでに述べましたように，寒天で固形にしたその細菌用の平板培地に撒き，適当な温度で適当な時間インキュベートした後，現われたコロニーの数を数えます。元の培養液中の細胞数が多い場合には，滅菌した培地あるいは滅菌した生理食塩水(0.9％ NaCl)で適当に希釈した後，平板培地に撒いて培養し，現れたコロニーの数を数えます。これ以上のことは2章の2.3(p.19)を参照してください。

　なお，生きている細胞はATPをもっているのでATPの量を測定しても生菌数を知ることができます。ただし，この測定のためには特別な機器と試薬が必要です。細菌の細胞を界面活性剤で破壊してATPを細胞外に出してこれに空気の存在下にホタルのルシフェリンとルシフェラーゼを加えますと

7・2 生きている細菌数の測定

光を放ちます。この光の強さはATPの量に比例しますので,始めに生菌数と光の強さとの関係を求めておけば,光の強さから生菌数を知ることができます。

$$\text{生きた細菌細胞} \xrightarrow{\text{界面活性剤}} \text{破壊された細胞} + \text{ATP}$$

$$O_2 + \text{ホタルのルシフェリン} + \text{ATP} \xrightarrow{\text{ホタルのルシフェラーゼ}} \text{光} + \text{オキシルシフェリン} + \text{AMP} + \text{PPi} + CO_2$$

AMP:アデノシン一リン酸(アデニル酸)
PPi:二リン酸

第 8 章　細菌の分類

　非常に多くの種類の細菌がいますが，ある形や性質の似たもの同士を集めて 1 つのグループにし，また別の形や性質で似ているものを別の 1 つのグループにしておくというふうに分けておけば細菌を扱うのに便利です。つまり細菌を分類しておくと便利です。しかし，顕微鏡で見ても小さな粒粒にしか見えない細菌を分類することは大変骨の折れる仕事です。以下で細菌の分類のことを考えてみましょう。

8.1　細菌の名称

　細菌を分類するにはそれぞれの細菌に名前をつける必要があります。生物の学問上の名前(学名)は，属名と種名のそれぞれを表わすラテン語を並べて書く二(命)名法というので表わされます。細菌の名前もおなじことです。ヒトの学名は *Homo sapiens*（ホモ・サピエンス）といい，大腸菌の学名は *Escherichia coli*（エスケリキア・コリ）といいます。そしてこれらは手書きのときはアンダーラインをつけて表わし，印刷ではイタリックにします。これから後，ラテン語で書いた沢山の細菌の名前が出て来ますができるだけ覚えてください。

8.2　細菌の分類法

　生物の分類はまず形の似ているもの同士を集めてグループに分けることから始まったのですが，細菌は形が小さいので形でグループ分けするのはかなり困難です。それでも，まず，球状，桿状，らせん状などで分けられ，それに鞭毛が何本あるかとか，どこについているかなどを加味して分けられました。次に生理的な性質を加味して，好気性，嫌気性，光合成をする，独立栄養的であるというようなことと形などとを組み合わせて分けられるようになって来ました。グラム陽性かグラム陰性かは，細菌を分類するためのかなり大きな根拠になっています。

　たとえば，緑膿菌という細菌の学名は *Pseudomonas aeruginosa*(プスードモナス・アエルギノサ)といいますが，この細菌は短いまっすぐな桿菌であったので，まず *Bacillus*(バチルス)属の細菌であると考えられました。そしてピオシアニンという青い色素をつくることが分かり *Bacillus pyocyaneus*(バチルス・ピュオキュアネウス)と命名されました。そのうちに，極毛が一本ありグラム陰性の好気性細菌で発酵をしないことが分かり *Bacillus* 属ではなく *Pseudomonas* 属の細菌に分類され *Pseudomonas pyocyanea*(プスードモナス・ピュオキュアネア)と命名されました。そして現在は，銅の錆，緑青のような色の細菌ということで *Pseudomonas aeruginosa* と呼ばれています。このように，いろいろくわしい性質が分かると，それに応じて名称(や分類)が変っていく場合があります。

　さらに進んでゲノムDNAのG+C含量(モル%)は細菌の近縁関係を知るのによく利用されますし，RNAやDNAの塩基配列により細菌同士の進化的関係が論じられるようになりました。しかし，RNAやDNAの構造により細菌の進化的関係は分かりますが，細菌の生理的性質(表現型)など必ずしも核酸の構造のみからでは分からない部分も多いのです。

　DNAはアデニン(A)，グアニン(G)，チミン(T)，シトシン(C)の4種類の核酸塩基(図8.1)をふくみますが，分子内でAとT，GとCが水素結合で塩基対をつくっています(図8.2)。多くの場合，生体内では2本のDNA

8・2 細菌の分類法

分子が対をつくりらせん状によじれ合っています(二重らせん構造)(図8.3)。

(G+C)：(A+T)の比は色々な生物で大きく変化し，この比が生物とくに微生物を分類するのに重要であることが分かっています。DNAを加水分解して各塩基を定量しなくてもG+Cの含量は物理的方法で簡単に分かりますし，G+C含量を求めますとA+T含量も分かります。すなわち，DNAの溶液の温度を上げていきますと，DNAの二重らせんがほぐれますが，そのほぐれ始める温度がG+C含量に関係しています(GC間の水素結合はAT間のものより強いので，GC間の水素結合まで切れると二重らせんがほぐれます)(図8.4)。

5′-デオキシアデニル酸 (d-AMP)
(A)

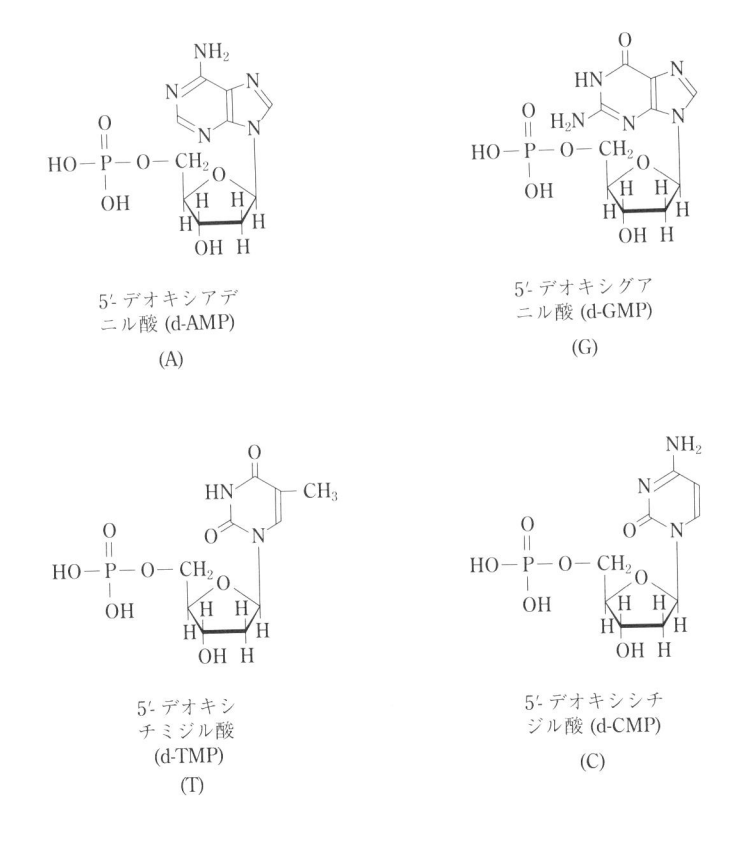

5′-デオキシグアニル酸 (d-GMP)
(G)

5′-デオキシチミジル酸 (d-TMP)
(T)

5′-デオキシシチジル酸 (d-CMP)
(C)

図8.1　DNAを構成するヌクレオチド

図 8.2 DNA の二重らせん構造において，C と G，A と T が水素結合で塩基対をつくることを示す図(図 8.3 も見て下さい)

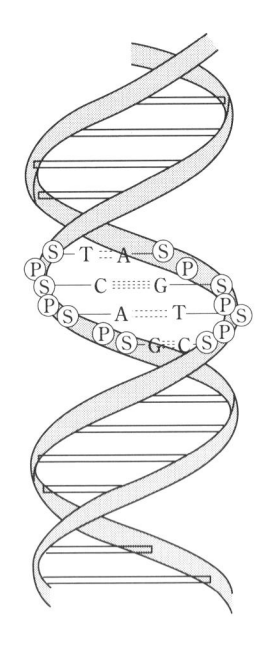

図 8.3 DNA の二重らせんの一部
A：アデニン，T：チミン，
C：シトシン，G：グアニン，
Ⓢ：デオキシリボース
Ⓟ：リン酸基

8・2 細菌の分類法

この実験をするにはDNAを抽出してある程度精製しなければなりません。くわしいことは専門書に譲ることにしますが，簡単にいえば，細菌を界面活性剤で処理して溶菌し，クロロホルムで処理してタンパク質を除き，タンパク質分解酵素やリボヌクレアーゼによる処理などしてDNAをきれいにします。

いま，DNA溶液の温度を上げていきますと260nmの吸光度の比［25℃における260nmの吸光度($A_{25℃}$)分の測定温度における260nmの吸光度(A_t)］が上昇してやがてプラトーになります(図8.4)。この吸光度比の上昇

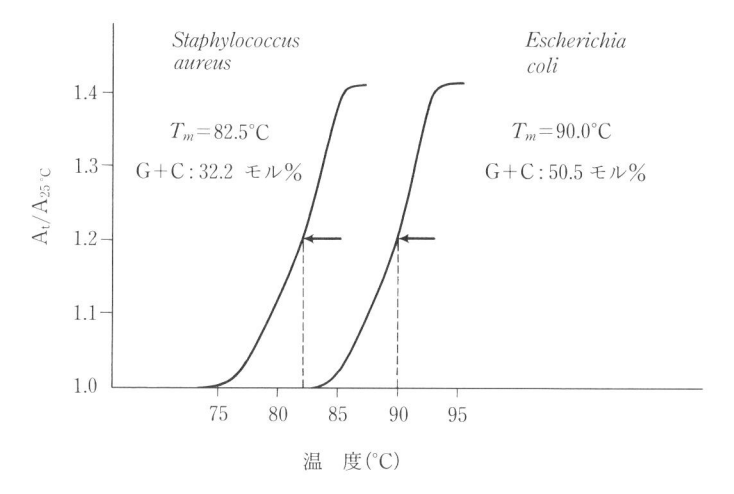

図8.4 DNA溶液の温度を上げていくと260nmの吸光度が変化することを表わす図。

し始める前の値とプラトーになったときの値との中点(図8.4の矢印)の温度(T_m)からDNAのG+C含量を知ることができます。すなわち，多くの細菌のDNAにおいて，T_mとG+C含量の関係は，

$$T_m = 69.3 + 0.41 \ (G+C)$$

の式で表わされます。G+C含量は細菌の同定に利用されます。すくなくとも，G+C含量が違う細菌は別の細菌であるといえます。

また塩化セシウム(CsCl)で濃度勾配をつくった溶液中へDNAを入れて遠心分離により沈降させ，密度からG+C含量を知ることもできます。この方法ではDNAを精製しなくてもよいという利点がありますが，超遠心分離

機など使用する装置が高価であります。ここでは分光学的に T_m から G+C 含量を求める方法のみにしておきましょう。

8.3 生理的性質による分類

(a) 光合成細菌

光のエネルギーを利用してATPをつくります。酸素を発生する光合成をするシアノバクテリア(らん藻)と酸素を発生しない光合成をする光合成細菌とがあります。前者はクロロフィルを後者はバクテリオクロロフィルをもっています。ほとんどはグラム陰性細菌ですが、グラム陽性のものもあります。

(b) グラム陰性従属栄養好気性細菌

グラム染色陰性で有機物を O_2 で酸化して生育する細菌で、非常に多くの種類があります。

(c) 独立栄養化学合成細菌

アンモニア、亜硝酸、硫化水素のような無機物を O_2(まれに NO_3^-)で酸化して生育する細菌で、いずれもグラム陰性細菌です。このグループに属する細菌は地球環境と密接な関係があります。

(d) グラム陰性任意嫌気性細菌

このグループに属する細菌はグラム陰性で、O_2 が利用できれば有機物を O_2 で酸化して生育します(呼吸)が、O_2 が利用できないところでは発酵で生育します。このように、呼吸でも発酵でも生育できる細菌を任意嫌気性細菌あるいは通性嫌気性細菌といいます。

(e) グラム陰性嫌気性細菌

グラム陰性で O_2 があっては生育しない細菌です。メタン生成細菌や硫酸還元菌などがこれに含まれます。

(f) グラム陽性で胞子をつくらない細菌

このグループに属する細菌には，乳酸菌，結核菌などがあります。乳酸菌や結核菌は胞子をつくりません。

(g) グラム陽性で胞子をつくる細菌

内生胞子をつくる細菌には，納豆菌(枯草菌に非常に近い)や破傷風菌などがあります。内生胞子(p.97)というのは，生育条件が悪くなった場合，細胞の中に耐熱性のカプセルのようなものをつくってその中に遺伝子を包み込み，外側の部分を脱ぎ捨てて条件が良くなるまでじっと眠っているものです。胞子には内生胞子の他に分生子があります。分生子をつくるのは，ストレプトミセス(*Streptomyces*)のような放線菌です。放線菌はカビに似た分生子をつくります(p.99)。しかし，カビは真核生物ですが放線菌は細菌です。

(h) スピロヘータ

スピロヘータを生理的性質で特徴づけるのはむずかしいですが，幅が $0.2-0.75\mu m$ で長さが $5-250\mu m$ というように非常に細長い細菌です。そしてグラム陰性で嫌気性ないしは任意嫌気性です。

(i) リケッチアとクラミジア

細菌より一段と小さく他の動物(宿主)に寄生しないと生きていけません。これらの微生物は自分で生きていくのに必要なだけのエネルギーをつくることができないので，宿主からエネルギーを抜き取って生きているようです。特にリケッチアの場合，宿主のATPを自分の体内へ取り込むための酵素系があることが分かっています。

(j) マイコプラズマ

マイコプラズマは細胞壁をもたない細菌で，その形は自由自在に変化します。ペプチドグリカンの細胞壁がありませんのでペニシリンで生育が阻害されることはありません。

(k) 超好熱性細菌

　生理的性質による分類とは少し違いますが，最近，最適生育温度が80 ℃以上である超好熱性細菌が続々発見されています。多くは古細菌に属しますが，好気性細菌も嫌気性細菌もあります。*Pyrobaculum islandicum*（ピュロバクルム・イスランディクム）は最適生育温度が100 ℃で103 ℃まで生育できる嫌気性細菌だし，*Pyrodictium occultum*（ピュロディクチウム・オクルツム）は最適生育温度が105 ℃で110 ℃まで生育できる嫌気性細菌です。

(l) ウイルス

　ウイルスが微生物であるかどうかは議論のあるところですが，動物，植物あるいは細菌の中で増殖するということで，一般に微生物に関連して扱われています。宿主のなかでしか生育できない点はリケッチアやクラミジアと同じですが，根本的な違いは，ウイルスは細胞性生物ではないということです。すなわち，細胞性生物は核酸としてDNAとRNAの両方をもっていますがウイルスはDNAまたはRNAのどちらかしかもっていないのです。

　次の9章から11章までは，主に生理的性質にしたがって細菌をグループ分けして，比較的くわしくそれらの性質を述べてみました。しかし，このグループ分けは8.3で述べたものと全く同じというわけではありません。

第 9 章　光合成細菌

　光のエネルギーを利用して生命現象に必要なエネルギー(ATP)をつくりだす細菌が光合成細菌です。O_2を発生する光合成をするシアノバクテリアと，O_2を発生しない光合成をする緑色硫黄細菌，紅色硫黄細菌，紅色非硫黄細菌があります。

9.1　シアノバクテリア

　光のエネルギーを利用して水を酸化(分解)し，O_2を発生する光合成をする点で藻類に似ていますが，ペプチドグリカンの細胞壁をもつことや核膜も葉緑体もミトコンドリアももたないことで真生細菌に分類されています。しかし，高等植物や藻類と同じく光合成のための光を吸収するのに必要なクロロフィルaをもっています。また，光を吸収するための補助色素としてフィコシアニンやフィコエリスリンという色素タンパク質をもっています。*Anabaena variabilis*(アナバエナ・ワリアビリス)，*Nostoc muscorum*(ノストック・ムスコルム)，*Anacystis nidulans*(アナシスチス・ニーデュランス)，それに*Spirulina platensis*(スピルリナ・プラテンシス)がよく知られています。*A. variabilis*[1]は図9.1に示したような形をしています。ところどころにある細胞壁がやや厚い細胞はヘテロシストと呼ばれますが，この細

---

[1] 二度以上同じ学名が出てきた場合，二度目からは属名を最初の文字だけにすることがよくあります。

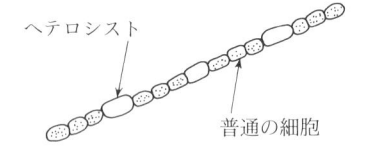

図 9.1　*Anabaena variabilis*（アナバエナ・ワリアビリス）の形を模式的に示したもの

胞は窒素固定専用の細胞です。窒素固定（N_2 を NH_3 に還元）を触媒する酵素はニトロゲナーゼという，O_2 に対して大変弱い酵素です。それで O_2 が存在すると窒素固定ができません。他の細胞（普通の細胞）は O_2 を出す光合成系（光化学系 2）と O_2 を出さない系（光化学系 1）の両方を含んでいますが，ヘテロシストは光化学系 1 のみを含んでいて光合成をしても O_2 を出しません。

9.2　緑色硫黄細菌

緑色をしていて H_2S（および Na_2S のような硫化物）を光のエネルギーを用いて硫酸に酸化し，CO_2 から体の構成成分を合成する独立栄養光合成細菌です。H_2S が多いときは単体硫黄までにしか酸化しないこともありますが，H_2S が少ないときはこれを硫酸にまで酸化します。このとき途中で単体硫黄の顆粒が生じますが，これは細胞の外側に付着します（図 9.2）。H_2S がなくなればこの単体硫黄は硫酸に酸化されます。このグループの細菌は絶対嫌気性細菌で，光を吸収するためのクロロフィルはバクテリオクロロフィル a, c, d です。この仲間でよく知られているのは *Chlorobium limicola*（クロロビウム・リミコーラ）です。*C. limicola* の中でチオ硫酸塩を酸化できるも

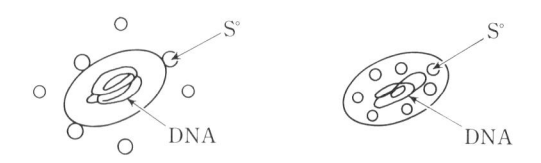

図 9.2　*Chlorbrium limicola*（A）と *Chromatium vinosum*（B）における単体硫黄顆粒（S^o）の生じ方の違い

のは *C. limicola* f. *thiosulfatophilum*（*C.* リミコーラ・エフ[2]・チオスルファトピルム）と呼ばれます。

9.3　紅色硫黄細菌[3]

　この細菌は赤色をしておりますが緑色硫黄細菌とおなじようにH_2SやNa_2Sを光のエネルギーを利用して硫酸に酸化して，CO_2から体の構成成分を合成します。この細菌がH_2Sを硫酸に酸化するときも途中で単体硫黄の顆粒が生じますが，これは細胞の中にできます（図9.2）。この細菌はチオ硫酸塩も酸化します。また，絶対嫌気性ではなく微好気性です。つまり非常に酸素分圧の低いときには光がなくても（すなわち暗所でも）呼吸によって生育することができるのです。この細菌の仲間でよく知られているのは *Chromatium vinosum*（クロマチウム・ウィノスム）ですが，*vinosum* はワインで満ちているという意味で，実際，この細菌の培養液は赤ワインのように見えます。このグループの細菌は光を吸収するのにバクテリオクロロフィル *a*, *b* をもっています。

9.4　紅色非硫黄細菌

　このグループに属する細菌は赤色をしたものから褐色のものまであります。リンゴ酸やグルタミン酸のような有機化合物を食べて，光のエネルギーを利用してATPをつくります。緑色硫黄細菌や紅色硫黄細菌と違って体の構成成分はもっぱら有機物からつくり，光のエネルギーは主にATPをつくるのに使います。光を吸収するためのクロロフィルはバクテリオクロロフィル *a*, *b* です。また，このグループの細菌は光のない暗所でも呼吸によって

---

[2] 省略せずにいうときは，フォルマスピーシーズと読みます。
[3] リボソームの16S RNA（16S rRNA）の塩基配列の比較を基にすると，多くの非光合成細菌も紅色細菌（紅色硫黄細菌と紅色非硫黄細菌）と同じグループに入ると考えられるというので，このグループをプロテオバクテリアと呼び，このグループの中を α，β，γ，δ の4つの群に分けることが提唱されています。プロテオバクテリアはほぼグラム陰性細菌群と同じですが若干のグラム陽性細菌をも含みます。α群には紅色非硫黄細菌や根粒菌など，β群には *Thiobacillus* 属の細菌など，γ群には紅色硫黄細菌や蛍光性 *Pseudomonas* 属の細菌など，δ群には *Desulfovibrio* 属の細菌などが含まれます。

生育することができます。よく知られている3つの属がありますが、各属の代表的なものは、*Rhodospirillum rubrum*(ロドスピリルム・ルブルム)、*Rhodobacter sphaeroides*(ロドバクテル・スファエロイデス)、*Rhodopseudomonas palustris*(ロドプスードモナス・パルストリス)です。紅色非硫黄細菌の中には色々な栄養条件下で生育するものがありますが、特に、*Rhodobacter capsulatus*(ロドバクテル・カプスラツス)は5つの栄養条件下で生育することができます(表9.1)。

表9.1. *Rhodobacter capsulatus*(ロドバクテル・カプスラツス)が生育できる種々の栄養条件

栄養性	光の有無	エネルギー源	電子供与体	炭素源(細胞物質の原料)	エネルギー獲得過程
従属栄養	明	光	有機物	有機物	光合成
独立栄養	明	光	H_2	CO_2	光合成
従属栄養	暗	有機物の酸化	有機物	有機物	呼吸
独立栄養	暗	$H_2+O_2 \to H_2O$	H_2	CO_2	呼吸
従属栄養	暗	フルクトース→乳酸	フルクトースの中間代謝物	有機物	発酵

第10章　グラム陰性化学合成細菌

10.1　従属栄養好気性細菌

この項に含まれる細菌は，有機物をO_2で酸化して生育するグラム陰性の細菌です。形，鞭毛および生理的性質等によって分類されるわけですが，ここでは次のようなものについて述べます。

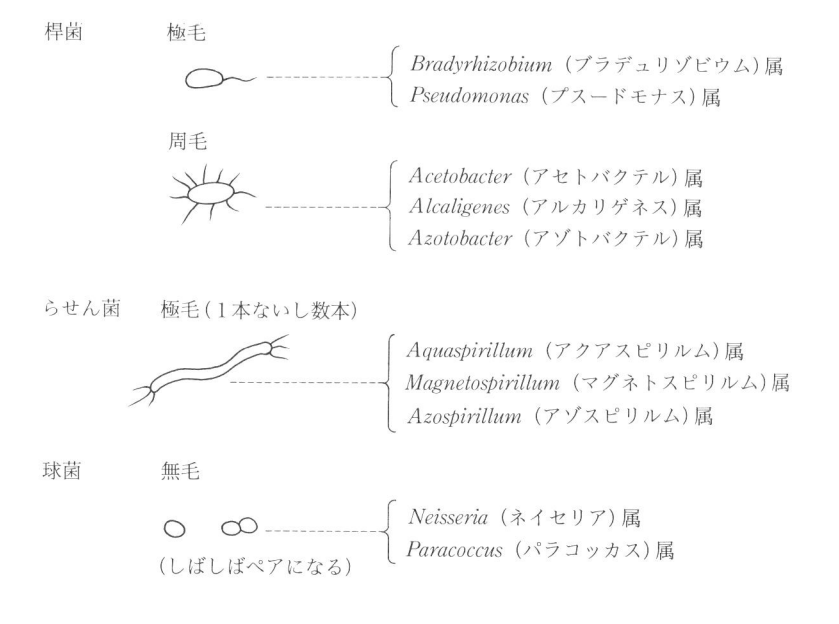

桿菌　　極毛
　　　　　　　　　　　　　　　Bradyrhizobium（ブラデュリゾビウム）属
　　　　　　　　　　　　　　　Pseudomonas（プスードモナス）属

　　　　周毛
　　　　　　　　　　　　　　　Acetobacter（アセトバクテル）属
　　　　　　　　　　　　　　　Alcaligenes（アルカリゲネス）属
　　　　　　　　　　　　　　　Azotobacter（アゾトバクテル）属

らせん菌　極毛（1本ないし数本）
　　　　　　　　　　　　　　　Aquaspirillum（アクアスピリルム）属
　　　　　　　　　　　　　　　Magnetospirillum（マグネトスピリルム）属
　　　　　　　　　　　　　　　Azospirillum（アゾスピリルム）属

球菌　　無毛
　　　　　　　　　　　　　　　Neisseria（ネイセリア）属
　　　　　　　　　　　　　　　Paracoccus（パラコッカス）属
　　　（しばしばペアになる）

10.1.1 *Pseudomonas aeruginosa*
（プスードモナス・アエルギノサ）

化膿箇所に緑色の膿をつくるので，緑膿菌と呼ばれます．しかし，感染力は弱いようです．好気性細菌ですがO_2がなくても硝酸塩があると，有機物を硝酸塩で酸化してATPをつくります．したがって，この過程は，細菌が嫌気的条件下で生育するといっても，生理的には呼吸に似ており，硝酸呼吸と呼ばれ，ATPの生成メカニズムが発酵の場合とは全然異なるのです．硝酸呼吸では硝酸塩は還元されてN_2になるので，窒素の動きだけに注目するときはこの過程は脱窒とよばれます．好気的条件下ではピオシアニン（図10.1）という青色（アルカリ側における酸化型）の色素をつくります．このため膿の色が緑色になるのです．

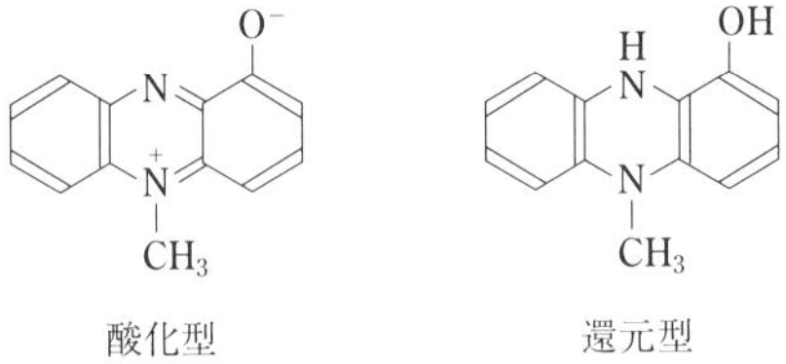

酸化型　　　　　還元型

図10.1　ピオシアニンの構造

10.1.2 *Azotobacter vinelandii*
（アゾトバクテル・ウィネランディイ）

土壌中に生息していて窒素固定をする細菌，つまりN_2をアンモニア（NH_3）に変えることができる細菌です．

$$N_2 + 3H_2 \longrightarrow 2NH_3$$

の反応はニトロゲナーゼという酵素の働きで起こるのですが，この酵素はO_2に対して大変不安定ですので，次に述べる根粒菌は根粒といういわばシェルターの中で窒素固定をします．*A. vinelandii* はニトロゲナーゼを保護す

るシェトナタンパク質を備え,またニトロゲナーゼの周辺のO_2をできるだけ除く工夫をしてシェルターなしで窒素固定をします。ニトロゲナーゼは一般にはモリブデン(Mo)をもっていますが,Moの欠乏している条件下ではMoの代わりにバナジウム(V)をもつニトロゲナーゼがつくられます。

10.1.3 根 粒 菌

根粒菌には*Rhizobium*(リゾビウム)属と*Bradyrhizobium*(ブラデュリゾビウム)属がありますが,後者は生育が遅いというだけでその他の性質は前者のものによく似ています。これらの細菌は土の中でばらばらに住んでいるとき(単生のとき)は窒素固定をしません。それはすでに述べたようにニトロゲナーゼがO_2に対して不安定だからです。根粒菌はマメ科植物の根に根粒をつくり,その中で窒素固定をします。根粒の中は,レグヘモグロビンがあってO_2を強く結合していますので,ほとんど嫌気的に保たれています。根粒菌は呼吸をするのにO_2を必要としますが,O_2が必要になったらレグヘモグロビンのもっているO_2をもぎ取って使います。このようなわけで,根粒の中だと根粒菌は呼吸もできるし窒素固定もできるのです。マメ科植物は根粒菌がつくった窒素化合物を利用するし,根粒菌はマメ科植物から窒素固定に必要な場所の他,有機化合物なども供給してもらい,両者は共生関係にあります。根粒菌とこれが根粒をつくるためのマメ科植物との組み合わせは決まっています(表10.1)。

表10.1. 根粒菌とマメ科植物の組み合わせ

根 粒 菌	マメ科植物
R. leguminosarum(*R.* レグミノサルム)	ソラマメ,エンドウ
R. phaseoli(*R.* ファセオリ)	インゲン
R. trifolii(*R.* トリフォリイ)	クローバー
R. meliloti(*R.* メリロティ)	ムラサキウマゴヤシ
B. japonicum(*B.* ヤポニクム)	ダイズ

イネの根の周辺には*Azospirillum*(アゾスピリルム)属の細菌[*A. brasiliense*(*A.* ブラシリエンセ) がよく知られています]がいて窒素固定をします。イネの根から出るある物質に誘引されて根の周辺(根圏)に集まり,死ん

だ後で分解されて窒素化合物をイネに供給するのです。この場合，イネと細菌は一種の共生関係にあり，ゆるい共生とよばれていまます。

10.1.4 *Magnetospirillum magnetotacticum*
（マグネトスピリルム・マグネトタクチクム）

Aquaspirillum（アクアスピリルム）属の細菌のうちマグネタイト（Fe_3O_4）を生成する細菌は特に *Magnetospirillum* 属に分類されていますが，その中では *M.magnetotacticum* がよく研究されています。図10.2に示したように，この細菌の細胞内にはマグネタイトの単結晶がリン脂質の膜で被われたマグネトソームが並んでいます。この細菌はマグネトソーム中の磁石で地磁器を感知して，北半球に生息するものは磁石のS極（すなわち地球の北極）へ向かって泳ぎ，南半球のものは磁石のN極（すなわち地球の南極）へ向って泳ぐことが知られています。これは，この細菌が微好気性なので地磁気を利用して O_2 の少ないところへ潜り込むためだといわれていますが，くわしいことはまだ分かりません。

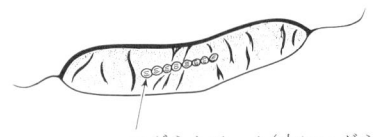

マグネトソーム（中にマグネタイト Fe_3O_4 がある）

図10.2　*M. magnetotacticum* の細胞内にマグネトソームが並んでいる有り様を示す図

10.1.5　酢 酸 菌

Acetobacter aceti（アセトバクテル・アセティ）はエタノールを酸化して酢酸をつくります。

$$CH_3CH_2OH + O_2 \longrightarrow CH_3COOH + H_2O$$

しかし，この細菌の仲間には酢酸をさらに分解するものがありますので，酢酸を分解しないような菌株を用いて食酢をつくります。*Acetobacter xylinum*（アセトバクテル・キシリヌム）はグルコースからセルロースをつくります。このセルロースはバクテリアセルロースと呼ばれますが，ナタ・デ・ココの

名称でデザート食品として食べられています。ナタ・デ・ココはココナツの実を割ってコプラを取るとき出る果汁に砂糖と酢酸などを加えて加熱滅菌後、これに A. xylinum を加えて 10-14 日間培養し、できたセルロースの膜を水洗したものです。小さく切ってシロップ漬けなどにして食べます。また、このセルロースは優れた音響特性をもつのでスピーカーなどの振動板としても使われていますし、生体に対する親和性が高く刺激が少ないことなどにより創傷の一時的被覆を行う人工皮膚として非常にすぐれているといわれています。

10.1.6 *Neisseria gonorrhoeae*(ネイセリア・ゴノロエアエ)[1]

これは淋疾の病原菌で、これを最初に発見した Albert Neisser にちなんで付けられた名称です。グラム陰性細菌なのにペニシリンが有効である点に特徴があります。近年、マイコプラズマで淋疾の病原菌であるものが現われました。これにはペニシリンは無効です。

10.2 独立栄養細菌

この項で述べる独立栄養化学合成細菌は、光を利用せずに無機物だけで生きていける好気性細菌です。

10.2.1 硫黄酸化細菌

単体硫黄(S^o)、硫化水素、チオ硫酸などを酸化して硫酸をつくります［電子(e)は最終的には O_2 に渡されます］。多量の硫酸をつくりますので酸性公害をもたらしたり、下水処理施設のコンクリートを腐食したりします。

$$S^o + 2H_2O + O_2 \longrightarrow 4H^+ + SO_4^{2-} + 2e$$
$$H_2S + 2H_2O + O_2 \longrightarrow 6H^+ + SO_4^{2-} + 4e$$
$$S_2O_3^{2-} + 3H_2O + O_2 \longrightarrow 6H^+ + 2SO_4^{2-} + 4e$$

生育 pH が 1-5 である *Thiobacillus thiooxidans*(チオバチルス・チオオキシダンス)、生育 pH が 4-8 である *Thiobacillus neapolitanus*(チオバチルス・

---
[1] 多くの研究者はナイセリア・ゴノレといっています。

ネアポリタヌス)，また無機物だけでも生育できるし，有機物を利用しても生育できる(任意独立栄養性または通性独立栄養性)の *Thiobacillus novellus* (チオバチルス・ノウェルス)(生育 pH は 5-9)などがあります。

10.2.2 鉄酸化細菌

2価鉄イオンを3価鉄イオンに酸化して生育する細菌です。

$$4Fe^{2+} + 4H^+ + O_2 \longrightarrow 4\ Fe^{3+} + 2H_2O$$

pH 2という酸性で生育する好酸性鉄酸化細菌は *Thiobacillus ferrooxidans* (チオバチルス・フェロオキシダンス)というのがよく知られています。この細菌は硫黄化合物も酸化しますが特に2価鉄イオンの酸化のみでも生きていける細菌です。この他に中性付近で生育する鉄酸化細菌 *Gallionella ferruginea* (ガリオネラ・フェルギネア)というのが知られています。

10.2.3 アンモニア酸化細菌

このグループの細菌はアンモニアを酸化して亜硝酸をつくるので培養液の pH が非常に低下します。アンモニアの酸化は次の式ように起こります。式の両辺に H_2O がありますが，反応の内容に忠実に書けばこの式のようになります。[H] はこの反応に必要な水素原子ですがどこから来るのかまだ分かりません。e は最終的には O_2 に渡されます。

$$NH_3 + O_2 + 2[H] + H_2O \longrightarrow HNO_2 + 4H^+ + 4e + H_2O$$

このグループの細菌でよく研究されているのは *Nitrosomonas europaea* (ニトロソモナス・エウロパエア)です。

10.2.4 亜硝酸酸化細菌

このグループの細菌は亜硝酸塩を硝酸塩に酸化します。次の反応式では両辺に H_2O があるので

$$NO_2^- + H_2O + 0.5\,O_2 \longrightarrow NO_3^- + H_2O$$

それを消去すれば，NO_2^- が O_2 で酸化されて NO_3^- になると考えられます。しかし，実際は NO_2^- に H_2O の O が入って NO_3^- ができるのです。このグループの細菌でよく研究されているのは *Nitrobacter winogradskyi* (ニトロ

バクテル・ウィノグラドスキイ)です。アンモニア酸化細菌と亜硝酸酸化細菌はあわせて、あるいは各単独でも硝化細菌と呼ばれることがあります。これらは排水中のアンモニアの処理に利用されています。

10.3 任意嫌気性細菌

O_2があれば有機物をO_2で酸化する、つまり呼吸をするが、O_2がなければ発酵で生育するのが任意嫌気性細菌(または通性嫌気性細菌)で、このような生理的性質を示す細菌の代表的なものは大腸菌です。

10.3.1 大腸菌

大腸菌の学名は *Escherichia coli*(エスケリキア・コリ)といいますが、*E. coli*(*E.* コリ)といえば大腸菌だと一般の人にも判るくらいこれはポピュラーな名前になってきました。この*Escherichia*属の名前は、最初にこの属の代表的な種を分離した Theodor Escherich 教授の名前にちなんで付けられたものです。種名 *coli* は"結腸の"という意味です。この細菌はO_2があれば有機物をO_2で酸化して生育しますが、O_2がないときは糖を発酵して、エタノール、酢酸、乳酸、コハク酸、ギ酸、H_2、CO_2などを生じます。腸チフスの病原菌である *Salmonella typhi*(サルモネラ・テュピ)、コレラの病原菌である *Vibrio cholerae*(ビブリオ・コレラエ)、赤痢の病原菌である *Shigella dysenteriae*(シゲラ・デュセンテリアエ)なども生理的性質は大腸菌によく似ています。

その他、大腸菌に似た性質の細菌としては、*Serratia marcescens*(セラチア・マルケスケンス)、*Zymomonas mobilis*(ジュモモナス[2]・モビリス)、*Photobacterium phosphoreum*(フォトバクテリウム・フォスフォレウム)などがあります。*S. marcescens* はプロジギオシンという赤い色素をつくりますので、これがパンに生えるとパンが赤く見えます。このようになったパンはキリストの肉といわれたことがあります。

---

[2] チモモナスともいう。

10.3.2 *Zymomonas*（ジュモナス）属の細菌

　Z. mobilis は，というか *Zymomonas* 属の細菌は純粋アルコール発酵をします。ここで純粋アルコール発酵というのは1分子のグルコースを2分子のエタノールと2分子の二酸化炭素にする発酵のことです。

$$C_6H_{12}O_6 \longrightarrow 2\,CH_3CH_2OH + 2\,CO_2$$

リュウゼツランのしぼり汁を *Zymomonas* 属の細菌で発酵したプルケという発酵酒を蒸留したのがテキーラという蒸留酒です。

10.3.3 *Photobacterium phosphoreum*（フォトバクテリウム・フォスフォレウム）

　P. phosphoreum は発光細菌で，O_2 があるときは光を出します。液体培地で培養しているとき振とうするなどして空気を供給しますとパアーと光ります。この細菌を500リットルというような大量の培地で培養して，夜集菌しますと廃液の中にこぼれた細菌がふあーと光り大変きれいです。この細菌が光りを放つのは次の反応によることが分かっています。

$$FMNH_2 + O_2 + CH_3(CH_2)_8CHO \xrightarrow{\text{ルシフェラーゼ}}$$
$$FMN + H_2O + CH_3(CH_2)_8COOH + 光$$

（FMN はフラビンでビタミン B_2 の誘導体，$FMNH_2$ はその還元型）

10.4　絶対嫌気性細菌

　O_2 があっては生育できない細菌のうちでグラム陰性のものにはメタン生成細菌と硫酸還元菌［*Desulfovibrio*（デスルホビブリオ）属］があります。

10.4.1　メタン生成細菌

　メタン生成細菌の中では *Methanobacterium thermoautotrophicum*（メタノバクテリウム・テルモアウトトロピクム）と *Methanosarcina barkeri*（メタノ

サルキナ・バルケリ）がよく知られています。メタン生成細菌は H_2 を CO_2 で酸化して，そのとき遊離するエネルギーを利用して生育します。結果としてメタン（CH_4）が生じるわけでして，このメタンの生成は発酵ではなく呼吸であることが分かりました。つまり，その場合の ATP のつくり方が呼吸におけるつくり方であることが分かったのです。そしてメタン生成細菌によるメタンの生成は二酸化炭素呼吸（または炭酸呼吸）と呼ばれるようになり，メタン発酵とはいわなくなりました。メタン生成細菌はエネルギーの獲得にも体の構成成分の生合成にも CO_2 を利用するという珍しい生物です。

$$4 H_2 + CO_2 \longrightarrow CH_4 + 2 H_2O$$

Methanobacterium 属の細菌には $H_2 + CO_2$ の他にギ酸を利用してもメタンを生じるものもあります。これに対して *Methanosarcina* 属の細菌（たとえば *M. barkeri*）は $H_2 + CO_2$ の他にメタノール，メチルアミン，酢酸をも原料にしてメタンを生成します。

$$CH_3OH + H_2 \longrightarrow CH_4 + H_2O$$
$$CH_3NH_2 + H_2 \longrightarrow CH_4 + NH_3$$
$$CH_3COOH \longrightarrow CH_4 + CO_2$$

（最後の式では酢酸が単に分解するように見えますが，そうではなく，複雑な反応の結果，CH_4 が生成します。）

10.4.2 硫酸還元菌

次に硫酸還元菌ですが，これにはグラム陰性のものとグラム陽性のものとがあります。ここで扱うのはグラム陰性の方で *Desulfovibrio* 属の細菌［たとえば *D. vulgaris*（*D.* ブルガリス）］がよく知られています。この細菌は有機物，たとえば乳酸（$CH_3CHOHCOOH$）を硫酸塩で酸化して ATP をつくり，その際，硫酸塩は還元されて硫化水素（H_2S）になります。

$$2 CH_3CHOHCOOH + SO_4^{2-} + 2H^+ \longrightarrow$$
$$2 CH_3COOH + H_2S + 2 CO_2 + 2 H_2O$$

硫酸還元菌は硫化水素を生ずるので色々と公害をもたらします。たとえば，硫酸還元菌が底で活動しているどぶ川の周辺では硫化水素の臭いがします

し，鉄製のものが黒くなりす。また，後で述べますように硫黄酸化細菌と組んでコンクリートを腐食したりします(p.133)。

第11章　グラム陽性化学合成細菌

11.1 胞子をつくらない細菌

　グラム陽性細菌のうち胞子をつくらないものには，結核菌，黄色ぶどう球菌，乳酸菌などがあります。

11.1.1 結核菌

　結核菌の仲間［*Mycobacterium*(ミコバクテリウム)属］にはヒト型結核菌［*Mycobacterium tuberculosis*(ミコバクテリウム・ツベルクロシス)］，ウシ型結核菌［*Mycobacterium bovis*(ミコバクテリウム・ボウィス)］，トリ型結核菌［*Mycobacterium avium*(ミコバクテリウム・アウィウム)］，ハンセン病病原菌［*Mycobacterium leprae*(ミコバクテリウム・レプラエ)］などがあります。*M. leprae* は人工の培地を用いた培養はまだできませんが，他の *Mycobacerium* 属の細菌は固形培地で培養しますと一般に黄色でチーズのような塊になります。40％は脂質からなりますが，この脂質はミコール酸という85個の炭素原子をもつ酸を含んでいます。多量の脂質を含みますので染色されにくいのですが一度染色されるとなかなか脱色されません(抗酸性細菌)。*M.bovis*(に近い細菌)をある特別の培地で数年間累代培養して弱毒化した生菌が BCG(Bacille de Calmette et Guerin) です。ツベルクリン反応に用いる注射液は，ヒト型結核菌の培養ろ液から精製したタンパク質抗原(ツベルクリンタンパク質)の溶液です。

ジフテリア菌は *Corynebacterium diphtheriae*(コリネバクテリウム・ジフテリアエ)といい，*Mycobacterium* 属の細菌のように多量の脂質をもつわけではありませんが，細胞同士がくっつきあってねばねばした菌体を生じます。この細菌のつくるジフテリア毒素はヒトのタンパク質生合成系の働きを阻害します。*Corynebacterium* 属の細菌には病原性がなくアミノ酸の製造に利用されているものもあります(p.118)。

11.1.2 黄色ブドウ球菌 [**Staphylococcus aureus**(スタピュロコッカス・アウレウス)][1]

これは膿瘍の病原菌で，グラム陽性菌でありながらリゾチームで溶菌しません。任意嫌気性細菌ですが好気的条件下でのほうがよく生育します。メチシリン(p.115)に耐性な変異株(MRSA：methicillin resistant *Staphylococcus aureus*)は院内感染の原因細菌として問題になっています。

11.1.3 乳酸菌

乳酸菌は嫌気性細菌ですが空気(特に微量の空気)があるところでも生育します。しかし，シトクロムがないので呼吸でATPをつくることはできません。空気があってもなくても糖を発酵的に分解して多くの場合乳酸を生じて生育します。乳酸菌には *Lactobacillus*(ラクトバチルス)属のもの，*Streptococcus*(ストレプトロコッカス)属のもの，*Bifidobacterium*(ビフィドバクテリウム)属のものなどがあります。

乳酸飲料やヨーグルトをつくるには *Lactobacillus acidophilus*(ラクトバチルス・アキドピルス)や *Lactobacillus delbrueckii* subsp. *bulgaricus*(ラクトバチルス・デルブルエキイ亜種[2]ブルガリクス)などが利用されます。ヒトの腸管内に住んでいて腸管の感染を防御し，乳酸をつくって整腸作用をしているのは *Bifidobacterium bifidum*(ビフィドバクテリウム・ビフィドウム)です。母乳栄養児が人工乳栄養児に比較して下痢にかかりにくいのは，母乳

---

[1] 一般には，スタフィロコツカス・アウレウスといっています。
[2] 亜種というのは，同じ種であるが地理的あるいは生態的隔離によって性質が違っているものを表す場合に使います。

栄養児の腸管内にこの細菌が非常に多く住んでいるからだといわれています。また，虫歯の原因になるといわれている *Streptococcus mutans*(ストレプトコッカス・ムタンス)[3]はグルコースから乳酸をつくりますが，砂糖からは多糖質をつくります。この細菌が歯の表面で生育しますと，生じた多糖質が歯をつつみ込み内部で乳酸が生じるので歯が腐食されるというわけです。

11.2 胞子をつくる細菌

11.2.1 内生胞子をつくる細菌

内生胞子というのは，生育環境が悪くなった場合細菌が核領域を耐熱性の殻で包み込んで休眠状態になったものです。耐熱性の殻は，放射線，酵素，化学物質などに対しても強いのです。内生胞子をつくるのは *Bacillus*(バチルス)属，*Clostridium*(クロストリジウム)属，*Desulfotomaculum*(デスルホトマクルム)属などの細菌です。

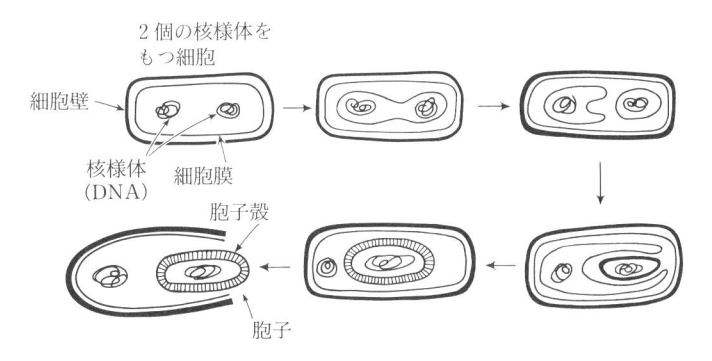

図 11.1 内生胞子の形成過程

Bacillus 属では *Bacillus subtilis*(バチルス・スブチリス，枯草菌)がよく知られています。この細菌はデン粉を加水分解するアミラーゼという酵素やタンパク質を分解するプロテイナーゼという酵素をよくつくりますのでこれらの酵素の製造に利用されます。納豆は蒸した大豆に納豆菌という *B. sub-*

---
3) 一般的にストレプトコッカス・ミュータンスと呼ばれています。

tilis(*B.* スブチリス)によく似た細菌を生やしてつくります。納豆を食べると，大豆のなかのタンパク質が納豆菌の出すタンパク質分解酵素により分解されて消化されやすくなっているのを摂取できるうえ，一緒に食べた食物のタンパク質の消化も促進されます。納豆の粘質物は γ-DL- グルタミン酸重合体です。

Clostridium(クロストリジウム)属の細菌はいずれも絶対嫌気性で，その中には恐ろしい病原菌が多いのですが，もちろん病原性のないものもあります。*Clostridium butyricum*(クロストリジウム・ブテュリクム)はチーズの中などにいて酪酸をつくります。*Clostridium kluyveri*(クロストリジウム・クリューウェリ)は酢酸とエタノールから少量の H_2 と酪酸をつくります。この反応過程も発酵ですが原料よりも分子量の大きい物質をつくる面白い発酵です。*Clostridium botulinum*(クロストロジウム・ボツリヌム，ボツリヌス菌)はボツリヌス中毒の原因物質であるボツリヌス毒素をつくりますし，*Clostridium tetani*(クロストロジウム・テタニ，破傷風菌)は破傷風の原因菌で破傷風毒素(テタヌストキシン)をつくります。ボツリヌス毒素も破傷風毒素も神経毒素です。

Desulfotomaculum(デスルホトマクルム)属の細菌は硫酸還元菌で硫酸や亜硫酸を硫化水素に還元します。前章に出てきた *Desulfovibrio*(デスルホビブリオ)属の細菌に似ていますが，グラム陽性菌であり胞子をつくる点でこれとは異なっています。

11.2.2 分生子をつくる細菌

放線菌というのは研究者により理解が一定しないところもありますが，カビに似て菌糸をつくり多くの場合分生子(空中菌糸につく無性胞子)をつくります。このなかでよく知られているのは *Streptomyces*(ストレプトミセス)属の細菌でしょう。なかでも *Streptomyces griseus*(ストレプトミセス・グリセウス)はストレプトマイシンをつくる細菌です。その他，あまりなじみがないでしょうが，ケカビやクモノスカビのものと似た胞子嚢をつくるのは *Actinoplanes*(アクチノプラネス)属や *Streptosporangium*(ストレプトスポラン

11・2 胞子をつくる細菌

ギウム)属の細菌です(図 11.2)。*Actinoplanes* 属の細菌からは沢山の種類の抗生物質が得られています。

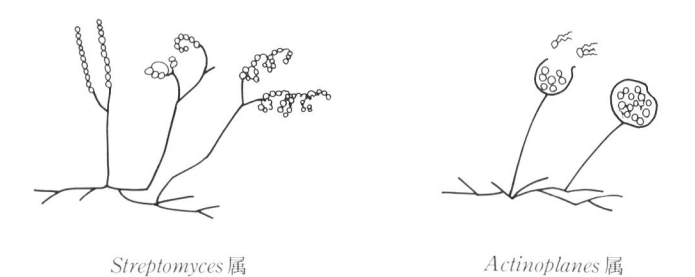

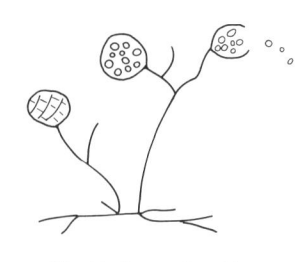

Streptomyces 属

Actinoplanes 属

Streptosporangium 属

図 11.2　いくつかの放線菌の分生子の形

第 12 章 ウイルス

　ウイルスが微生物であるかどうかは議論のあるところですが，微生物に関係ある存在であることは間違いないでしょう。ウイルスは他の生物(宿主)の細胞の中でないと増殖できない点ではリケッチアやクラミジアと似ていますが，後二者がDNAとRNAの両方をもっているのに対しウイルスはDNAまたはRNAのどちらかしかもっていません。ウイルスは細胞外の形(というか増殖していないときは)DNAまたはRNAがタンパク質のコート(カプシド)を着ていてビリオンと呼ばれます。そして1種類または数種類の酵素をもつものもありますが，エネルギー生産系に関する遺伝情報はもっていません。またリボソームをもっていませんので，タンパク質の生合成のためには宿主のリボソームを使います。これに対して，細胞性生物というのは増殖に必要なすべての反応を触媒する酵素をもっていますし，リボソームをもっています。リケッチアもクラミジアも70Sリボソームをもっています。ただし，リケッチアやクラミジアはエネルギー生産系をもっていませんので宿主に寄生しないと増殖できません。

　ウイルスの中で，微生物に寄生するものはファージと呼ばれますが，そのなかでも細菌に寄生するものはバクテリオファージといいます。大腸菌に寄生するT偶数系ファージ(T_4, T_6など)は図12.1に示したような形をしており，大腸菌に付着して注射器のような動作でDNAを細菌の細胞内に注入します。表12.1にいくつかのウイルスをあげ，それらがRNAをもつかDNAをもつかを示しておきました。

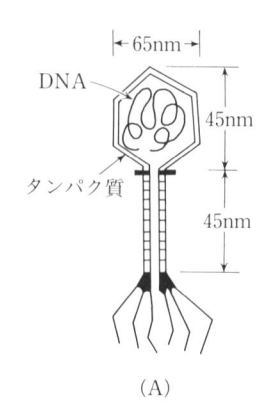

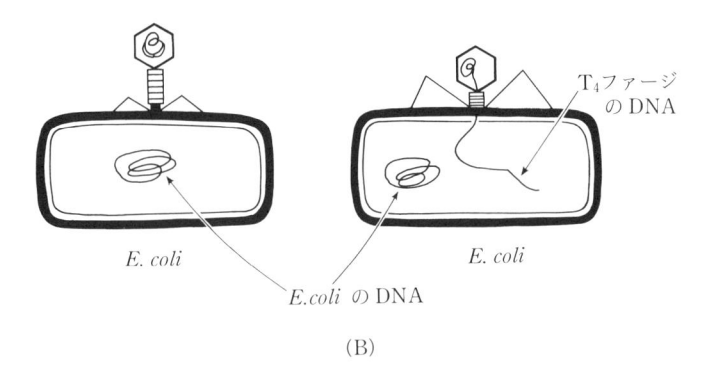

図 12.1 大腸菌に寄生する T_4 ファージの形(A)とそれが大腸菌の細胞に DNA を注入するさま(B)を示す模式図

12 ウイルス

表 12.1. 数種類のウイルス

1本鎖 RNA ウイルス	
ポリオウイルス	小児麻痺の病原体
日本脳炎ウイルス	日本脳炎の病原体
タバコモザイクウイルス	タバコの葉に斑点がつく病気の病原体
インフルエンザウイルス	インフルエンザの病原体
はしかウイルス	はしか(麻疹)の病原体
2本鎖 RNA ウイルス	
Φ6ファージ	*Pseudomonas aeruginosa*(プスードモナス・アエルギノサ)のファージ
1本鎖 DNA ウイルス	
トウモロコシ条斑ウイルス	トウモロコシの条斑病の病原体
2本鎖 DNA ウイルス	
T系ファージ	大腸菌を宿主とする
λファージ	大腸菌を宿主とする
ヘルペスウイルス	ヘルペス(疱疹)の病原体
アデノウイルス	眼,呼吸器などに炎症を起こす病原体
肝炎B型ウイルス	B型肝炎の病原体

第13章　微生物と人間（Ⅰ）—病気—

　この章では微生物と人間との関係のうち，微生物の感染によってかかる病気について考えてみます。

13.1　糞便から伝染する病気

(a) 腸チフス

　Salmonella typhi（サルモネラ・テュピ）の感染により起こる病気です。腸チフスにかかると，この細菌がまず腸内で増殖し，腸リンパ管と胸管（リンパ管）を通って血液に入り全身にちらばります。輸胆管中でとくにひどく増殖します。そして高熱が続き，皮膚の発疹，意識の混濁などの症状が出ます。

(b) コレラ

　この病気の病原体は *Vibrio cholerae*（ビブリオ・コレラエ）です。菌体外毒素（コレラトキシン）が腸粘膜をアタックし，水と塩分が体内から腸管へ流出し下痢症状が起こります。むつかしくなりますが，この毒素によりアデニル酸シクラーゼという酵素が活性化されたままになって，水とNa^+が消化管へ止めどなく流出するので，米のとぎ汁状の便が出る下痢を起こします。コレラは1817年から1923年まで6回にわたり，世界的に大流行しました。わが国では1822年（文政5年），1858年（安政5年），1859年（安政6年）に

大流行があり，明治大正になってもしばしば大小の流行がありました。

緒方洪庵が活躍したのは安政5年，6年の流行にときです。

(c) 細菌性赤痢

この病気の病原体は *Shigella dysenteriae*(シゲラ・デュセンテリアエ)です。この細菌に感染しますと，回腸，結腸に病巣ができ腹痛，発熱，膿粘性血便を出す激しい下痢を起こします。赤痢にはこの他に赤痢アメーバによって起こるものがあります。

13.2 呼気の小滴で伝染する病気

(a) ジフテリア

Corynebacterium diphtheriae(コリュネバクテリウム・ジフテリアエ)がのどに住みつきますと，細菌は局部的に気管上部にとどまっていますが，菌体外毒素(ジフテリアトキシン)が全身にまわります。上気道部の局部的炎症により咽頭痛を起こして呼吸困難になります。ジフテリアトキシンはヒトのタンパク質合成を阻害します。

(b) 結核

Mycobacterium tuberculosis(ミコバクテリウム・ツベルクロシス)に感染して起こる病気には，肺結核，腎結核，腸結核などがあります。なかでも特に肺結核が多いのです。*Mycobacterium* 属の細菌ならびに結核に関連することがらについては(p.95)を見てください。

(c) ペスト

この病気を起こす病原体は *Yersina pestis*(ユエルシナ・ペスティス)というグラム陰性細菌です。ペストはネズミの病気ですが，その病気にかかっているネズミに噛みついていたノミにヒトが噛まれるとこの病気にかかるのです。この病原菌をもったノミに噛まれると，噛まれた付近のリンパ腺が炎症を起こし(腺ペスト)激痛におそわれます。また，この病気にかかったヒトや

ネズミの排出物からの飛沫を吸い込むと感染します。さらに，肺に感染しますと(肺ペスト)呼吸困難になり，せきが激しく血痰を出し，ヒトからヒトへ伝染します。いずれの場合も，末期には敗血症を起こします。黒死病ともいわれ，致死率の高い病気です。ヨーロッパ史上最初のペストが大流行したのは6世紀でした。このときはローマ帝国の住民の半分が死亡したといわれています。1340年代のヨーロッパにつぎつぎと広がっていったペストにより，ヨーロッパ全人口の1/4，2500万人が死亡したと推定されています。15，16，17世紀にかけて，ヨーロッパはペストに悩まされ，1665年のロンドンの大流行では市民46万人中7万人が死亡したとのことです。この病原菌は日本には常在しません。

(d)肺炎球菌による肺炎

肺炎はマイコプラズマやクラミジア等を含む色々な細菌や *Pneumocystis carinii*(プヌーモシスチス・カリニイ)というまだ細菌(マイコプラズマ)とも真核生物(原生動物，カビ)とも分からぬ微生物よって起こるものもありますが，*Streptococcus pneumoniae*(ストレプトコッカス・プヌーモニアエ)が病原体である場合が非常に多いのです。症状は高熱，胸痛，咳，痰，呼吸困難などです。*S. pneumoniae* は生理的には任意嫌気性の乳酸菌で，好気的条件下では多量の過酸化水素を生じます。

13.3 直接の接触によって伝染する病気

(a)淋　　疾

Neisseria gonorrhoeae(ネイセリア・ゴノロエアエ)で起こる病気で，セックスで伝染し，感染は普通生殖器に限られます。すなわち，尿道粘膜に炎症が起こる病気で，放尿時に疼痛があり，初めは粘液性の，後には膿み様の分泌物が尿と共に出ます。しかし，ときに敗血症を起こす恐れがあります。新生児が出生の途上で眼に感染する恐れがあるので出生するとすぐ1～2％硝酸銀の溶液を点眼する必要があります(Crede法または点眼)。最近は硝酸銀の代りに抗生物質が使用されることもあります。なお，近年マイコプラズマ

で淋疾の病原体であるものが出現しましたが，この場合は *N. gonorrhoeae* と違ってペニシリンやアンピシリンが効きません．

(b) 梅　　毒

Treponema pallidum(トレポネマ・パリドウム)というスピロヘータにより起こる病気です．この病原菌に感染しますと，初めは病原菌の侵入部が硬くなり，次にそけいリンパ節がはれますが，無痛性です．次に全身に病原菌が分布して皮膚や粘膜に発疹を生じ，さらに皮膚，内臓，筋肉などにゴム腫を生じて，ついには麻痺性痴呆症などになります．セックスにより伝染しますが，妊娠中に胎児に伝染することもあるといわれています．

13.4　動物に噛まれて伝染する病気

表 13.1 にまとめました．

表 13.1. 動物に噛まれて伝染する病気の例

病　気	病原微生物	媒介動物	保菌動物
ペスト	細菌	ノミ	ネズミなどのげっ歯類
狂犬病	ウイルス	イヌ	イヌ
ロッキー山紅斑熱	リケッチア	ダニ	野性げっ歯類
ツツガムシ病	リケッチア	ツツガムシ	ツツガムシ
アフリカ睡眠病	原生動物	チェチェバエ	ヒト
再帰熱	スピロヘータ	シラミ，ダニ	ヒト，ダニ
マラリア	原生動物	ハマダラカ(雌)	ヒト
デング熱	ウイルス	カ	ヒト

13.5　普通の傷から感染する病気

(a) 破傷風

Clostridium tetani(クロストリジウム・テタニ)が体内に侵入して神経毒(テタヌストキシン)を出すことが原因でこの病気になります．神経毒による

横紋筋強直が特徴で，開口障害，全身性痙攣さらには呼吸困難などを引き起こします。

(b) ガス壊疽

Clostridium perfringens(クロストリジウム・ペルフリンゲンス)が侵入して外毒素を出し，特に筋肉が局部的に死んで腐敗してそこにH_2が発生し溜まります。

13.6 リケッチアが病原体である病気

ツツガムシ病は *Rickettsia tsutsugamushi*(リケッチア・ツツガムシ)の感染によりかかる病気ですが，このリケッチアを媒介するのがツツガムシです。発疹チフスは *Rickettsia prowazekii*(リケッチア・プロワゼキイ)の感染によりかかる病気で，コロモジラミがこれを媒介します。(表13.1も参照してください。)

13.7 クラミジアが病原体である病気

クラミジアによる病気でよく知られているのは眼の病気(結膜炎)であるトラコーマで，これの病原体は *Chlamydia trachomatis*(クラミジア・トラコマチス)です。この細菌は性感染症もひきおこします。男子の場合は非淋菌性尿道炎，女子の場合には子宮頸炎の病原体がこの細菌である場合が多いのです。また，*Chlamydia pneumoniae*(クラミジア・プヌーモニアエ)はクラミジア肺炎の病原体です。

13.8 カビが病原体である病気

カビが病原体である病気では白癬がよく知られています。みずむしは足白癬といいます。足白癬の主な病原体は *Trichophyton rubrum*(トリコピュトン・ルブルム)および *Trichophyton mentagraphytes*(トリコピュトン・メン

タグラピュテス)というカビですが，すでに述べたとおりカビは真核生物ですからカビをやっつけてヒトに害を与えない薬というのがなかなかないのです。ポリエン系抗生物質の中に，ヒトに対する副作用が比較的少なくカビに対して有効な化合物があります。アンホテリシン B, ナイスタチン, トリコマイシンなどです。感染症ではないのですが，*Aspergillus flavus*(アスペルギルス・フラウス)が出すアフラトキシンという物質は肝障害をひきおこします。なお，カビがひきおこす植物の病気に関しては p.47 を見てください。

13.9　原生動物が病原体である病気

原生動物の病原体には表 13.2 に示すものなどが知られています。

表 13.2. 原生動物とそれの引き起こす病気

原生動物の種類	名　　称	病　名　等	伝染経路
鞭毛虫類	*Trichomonas vaginalis* (トリコモナス・ワギナリス)	泌尿生殖器の感染	セックス
	Trypanosoma brucei (トリパノソーマ・ブルケイ)	アフリカ睡眠病	ツェツェバエによる吸血
根足虫類	*Entamoeba histolytica* (エントアメーバ・ヒストリュチカ)	アメーバー性赤痢	飲み水
胞子虫類	*Plasmodium malariae* (プラスモジウム・マラリアエ)	四日熱マラリア	ハマダラカに刺される

13.10　ウイルスが病原体である病気

ウイルスの感染による病気には，インフルエンザ，はしか，小児麻痺，狂犬病，ヘルペスなどがあります。表 13.3 にウイルスによってひきおこされる病気のいくつかを示しておきます。

13·10 ウイルスが病原体である病気

表 13.3. ウイルスの感染による病気の例

病　　気	伝染経路	ウイルスの侵入する主な器官
インフルエンザ	呼吸	呼吸器官
麻疹(はしか)	呼吸	呼吸器官, 皮膚
流行性耳下腺炎(おたふくかぜ)	呼吸	耳下腺, こう丸, 髄膜
小児麻痺	呼吸	腸粘膜, リンパ節, 中枢神経系
ウイルス肝炎(A, E 型)	腸から	肝臓
〃 (B, C, D, G 型)	血液を介した伝染	〃
単純ヘルペス	体接触	皮膚, 粘膜
帯状疱疹	〃	神経支配領域の皮膚
狂犬病	犬に噛まれる	中枢神経系

第14章　微生物と人間(II)―利用―

14.1　アルコール発酵

　微生物の利用では第一にアルコール飲料の製造をあげなければなりません。アルコール飲料のうち，発酵酒というのは，日本酒・ビール・ワインの3種類のどれかに分類されます。それらは製造工程が違い，図14.1のように表わされます。

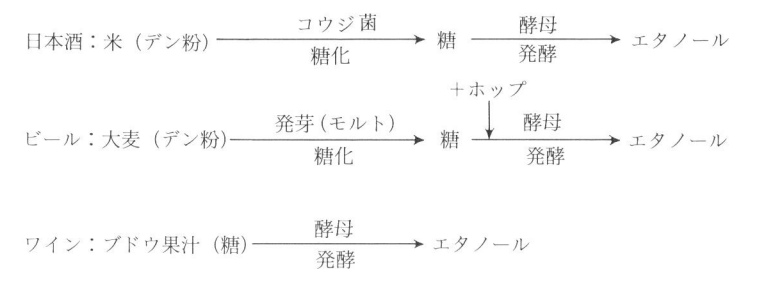

```
日本酒：米（デン粉）─コウジ菌／糖化→糖─酵母／発酵→エタノール

ビール：大麦（デン粉）─発芽（モルト）／糖化→糖 ↓+ホップ ─酵母／発酵→エタノール

ワイン：ブドウ果汁（糖）─酵母／発酵→エタノール
```

図14.1　日本酒，ビール，ワインの製造工程の比較

　日本酒で代表される東洋の酒類の特徴は，酵母の他にカビを使うこと，つまり2種類の真核微生物を使うことです。酵母(*Saccharomyces cerevisiae*, サッカロミセス・ケレウィシアエ)はデン粉を直接発酵することができないので，まずカビを使いそれの出すアミラーゼでデン粉をグルコースやマルトース(麦芽糖)のような糖にしてから酵母で発酵させるのです。日本酒の場

合はカビとしてはコウジ菌を使います。蒸した米にコウジ菌を生やしたものがコウジです。ビールの場合も大麦のデン粉を糖化しなければなりませんが，この場合は大麦を発芽させて麦芽（モルト）をつくり誘導されたアミラーゼを使います。ワインの場合はブドウ果汁（マスト）がグルコースとフルクトースを含んでいますのでそれをそのまま発酵させます。日本酒の醸造にはコウジはなくてはならないものなので，明治の初め頃は，どんな酒類を造るのにもコウジを使う必要があると日本では考えられていたらしく，ワインを醸造するときもコウジを入れたというエピソードが残っています。

日本酒は微生物の特性をうまく利用して造ります。すなわち，日本酒用酵母がpH 4～5付近で生育するのに対し，雑菌はpH 7～8で生育します。そこで蒸した米にコウジを入れ，そこにまず乳酸菌を生やします。そしてpHが4付近に下がったところで酵母をいれて発酵させて，目的とする酵母を増殖させ酒母（酛）をつくります。次に酒母に水，コウジ，蒸し米を加えて発酵させるのですが，これらの添加は4日間に3回に分けて行い（3段仕込み），その後10-15℃で20-30日間発酵させます。乳酸菌を生やして酒母を造っていた（山廃酒母）のでは時間がかかるというので，最近はほとんどの酒蔵で出来合いの乳酸を加えてpHを調整して酒母をつくっています（速醸酒母）。

14.2 抗生物質の製造

微生物がつくり他の生物の生育を阻害する物質を抗生物質といいますが，この中には医薬品になっているものが沢山あります。

14.2.1 ペニシリン

1928年Fleming[1]が，ブドウ球菌の培養物の中に偶然混入したアオカビのコロニーのまわりのブドウ球菌が溶かされていることを見て発見した抗生物質であります。はじめは *Penicillium notatum*（ペニシリウム・ノタツム）

---

1) Fleming, Alexander(1881-1955)。英国の微生物学者。ブドウ球菌を培養していたときアオカビが混入してコロニーをつくり，その周辺のブドウ球菌が溶けていることから，1928年ペニシリンを発見し，1945年度ノーベル医学生理学賞を受けた。

の培養液から精製していましたが，その後は *Penicillium chrysogenum*(ペニシリウム・クリュソゲヌム)のようなペニシリンの生産量の多い種が使われています。ペニシリンにはいくつかの種類(少しだけ構造が違う)がありますが，そのうちのペニシリン G ナトリウム $0.6\mu g$ が示す抗菌力を 1 国際単位としています。*P. notatum* が 1-2 単位/ml のペニシリンしかつくらないのに対し，*P. chrysogenum* は 6-7000 単位/ml のペニシリンをつくります。すでに述べたように，ペニシリンはペプチドグリカンの合成を阻害します。ペニシリンはグラム陽性細菌に有効ですが淋菌以外のグラム陰性細菌には効力がありません。それはペニシリンがグラム陰性細菌の外膜を通過しないからです。また細菌によってはすぐにペニシリンを分解する酵素，ペニシリナーゼをつくりペニシリン耐性になるのがあります。

ペニシリナーゼで分解されにくいペニシリン類似の抗生物質にセファロスポリンがあります。これは *Cephalosporium acremonium*(ケパロスポリウム[2]・アクレモニウム)というカビから得られました。この抗生物質はグラム陽性細菌だけでなくグラム陰性細菌にも有効で耐性菌も現われにくかったのですが，それでもセファロスリンを分解する酵素，セファロスポリナーゼをもつ耐性菌が現われるようになりました。そこで半合成ペニシリン(もっと正確には半合成セファロスポリンで，これらをセフェム系抗生物質といいます)であるメチシリンがつくられました。

とっておきのこのペニシリナーゼやセファロスポリナーゼ抵抗性の半合成抗生物質に対しても耐性菌が現われました。院内感染で有名な MRSA (methicillin resistant *Staphylococcus aureus*, スタピュロコッカス・アウレウス)です。このように，ペニシリン類はペニシリナーゼやセファロスポリナーゼに対して抵抗性の大なものが見つけられたり合成されたりしましたが，細菌のほうも次々と耐性菌が現われて問題になっています。

β-ラクタム系抗生物質(つまりペニシリンの誘導体)はペプチドグリカン形成に関与する酵素群［ペニシリン結合タンパク質(PBP)］と結合して細菌の細胞壁形成を阻害しますが，黄色ブドウ球菌には 1-4 種類の PBP があり，

---

[2] セファロスポリンとの関係では，セファロスポリウムといった方がよいかもしれません。

MRSAの耐性はβ-ラクタム系抗生物質に親和性のないPBP2'を出現させることにより獲得されたのです。

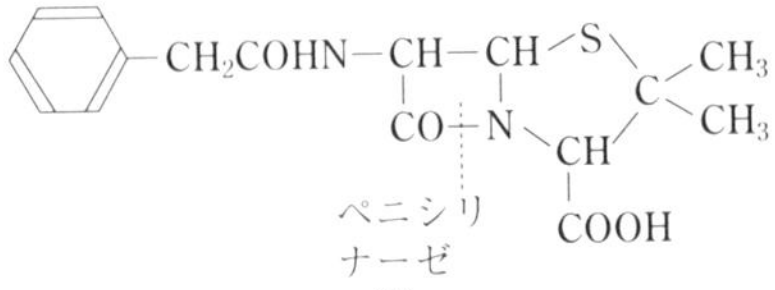

図14.2 ペニシリンG(A)，セファロスポリンC(B)，メチシリン(C)の構造
ペニシリナーゼ，セファロスポリナーゼはそれぞれ図中に示したところを切断します。

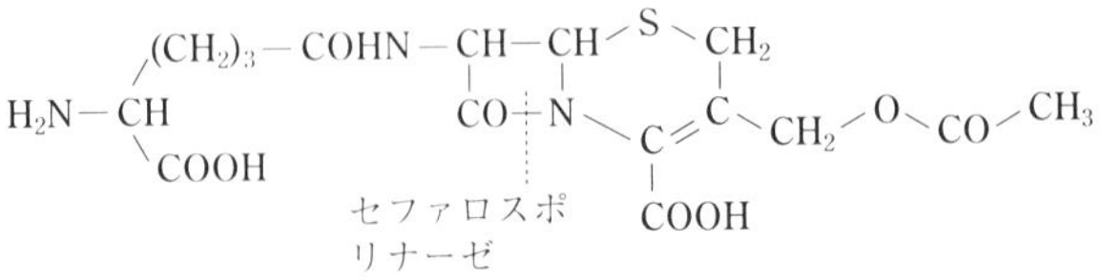

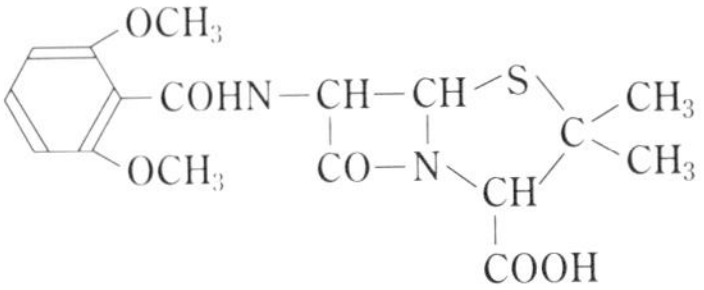

14.2.2 ストレプトマイシン

ストレプトマイシンは1944年Waksman[3]らにより *Streptomyces griseus*（ストレプトミセス・グリセウス）の培養液から分離された抗生物質で，結核に効く画期的な薬であると同時に，グラム陽性，陰性細菌のどちらの感染症にたいしても有効であります。すでに述べたように，ストレプトマイシンは70Sリボソームにおけるタンパク質の生合成を阻害しますが，80Sにおける生合成は阻害しません。したがって，副作用の少ない医薬品であるといえま

---

[3] Waksman, Salman Abraham(1888-1973)。米国の微生物学者。放線菌の研究をしていて，1943年ストレプトマイシンを発見した。これが結核に有効なことがわかり，1952年度ノーベル医学生理学賞を受けた。

す。ただ，ヒトの細胞にもミトコンドリアの70Sリボソームがありますので多量に使用すると副作用が現われることになります。

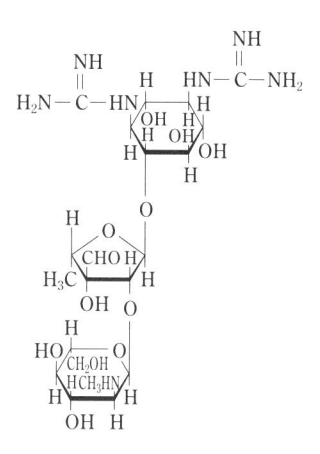

図14.3 ストレプトマイシンの構造

14.2.3 テトラサイクリン系抗性物質

Streptomyces aureofaciens（ストレプトミセス・アウレオファキエンス）の生産するクロルテトラサイクリン，*Streptomyces rimosus*（ストレプトミセス・リモスス）の生産するオキシテトラサイクリン，*S. aureofaciens* の生産するテトラサイクリンなどが知られていますが，いずれも70Sにおけるタンパク質の生合成を阻害します。

図14.4 テトラサイクリン系抗生物質の構造 (A)テトラサイクリン，(B)オキシテトラサイクリン，(C)クロルテトラサイクリン。

14.2.4 クロラムフェニコール

Streptomyces venezuelae(ストレプトミセス・ウェネズエラエ)から得られた抗生物質ですが、現在では合成品が使用されています。自然界に存在する有機化合物には珍しく、塩素とニトロ基をもっています。70Sにおけるタンパク質の生合成を阻害しますが、グラム陰性細菌、特に腸チフス菌に対して有効であります。一方、グラム陽性細菌にたいする作用はやや劣ります。

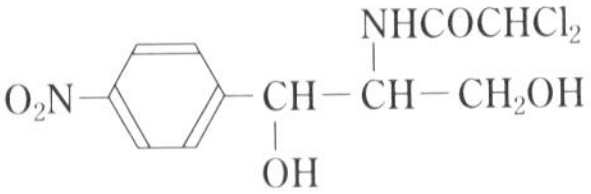

$$O_2N-C_6H_4-\underset{OH}{CH}-\underset{NHCOCHCl_2}{CH}-CH_2OH$$

図14.5 クロラムフェニコールの構造

14.3 アミノ酸の生産

L-グルタミン酸ナトリウムは化学調味料として有名ですが、以前はダイズやコムギのタンパク質を塩酸で加水分解して製造していました。しかし、1950年代後半から微生物を利用して色々なアミノ酸が製造されるようになりました。微生物がつくるアミノ酸はすべてL-型なのでL-型とD-型に分ける分割という操作がいらなくなりました。L-グルタミン酸をつくる細菌には *Corynebacterium glutamicum*(コリネバクテリウム・グルタミクム)や *Brevibacterium flavum*(ブレウィバクテリウム・フラウム)などがあります。これらの細菌にグルコース、硫酸アンモニウム、尿素などを与え、ビオチンの濃度を低く(1-5mg/l)し細菌の生育を抑制して30℃で2-3日培養しますと、100g/l以上のL-グルタミン酸が培養液中に出てきます。L-グルタミン酸の他に、L-アルギニン、L-ヒスチジン、L-イソロイシン、L-リジン、L-フェニルアラニン、L-プロリン、L-セリン、L-トレオニン、L-トリプトファン、L-バリンなども細菌を利用してつくられています。

14.4 バクテリアリーチング

たとえば，銅の鉱物のうち，ラン銅鉱 [$Cu_3(OH)_2(CO_3)_2$]，クジャク石 [$Cu_2(OH)_2CO_3$]，黒銅鉱 [CuO] のような銅の水酸化物，炭酸塩，酸化物からは，5％の硫酸による数時間ないしは数日間の処理でほとんど完全に銅が硫酸銅として浸出されます。これに対して，輝銅鉱 [Cu_2S]，銅ラン [CuS]，黄銅鉱 [$CuFeS_2$] などの硫化物からは硫酸のみでは銅が浸出されません。ところが，硫酸第二鉄 [$Fe_2(SO_4)_3$] が共存すると容易に銅が浸出されるのです。

$$CuFeS_2 + 2Fe_2(SO_4)_3 + 2H_2O + 3O_2 \longrightarrow CuSO_4 + 5FeSO_4 + 2H_2SO_4$$

この反応で Fe^{3+} は Fe^{2+} に還元されて，もはや銅の浸出には利用できません。浸出液をリサイクルして使用しようと思えば，Fe^{2+} を Fe^{3+} に酸化しなければなりません。浸出反応の結果硫酸が生じるので使用ずみの浸出液のpHは2付近の酸性になっており，このような酸性条件下では Fe^{2+} は空気を吹き込んでもなかなか酸化されません。ところが，*Thiobacillus ferrooxidans*(チオバチルス・フェロオキシダンス)が存在するとpH2においても容易に Fe^{2+} が Fe^{3+} に酸化されるのです。そこでこの細菌をうまく使い連続的に Fe^{2+} を Fe^{3+} に変化させて，たとえば銅の硫化物を含む鉱石から銅を連続的に浸出することができます(図14.6)。このように，細菌を利用して鉱石から金属を浸出することをバクテリアリーチングといいます。

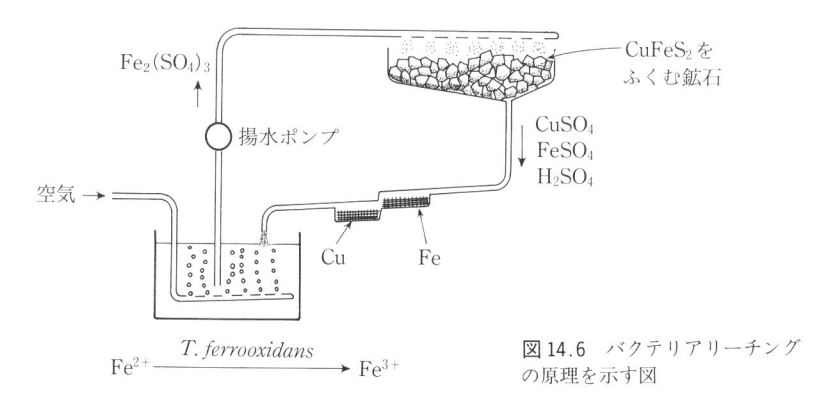

図14.6 バクテリアリーチングの原理を示す図

14.5　パイライト中の微量の金の濃縮

　これもバクテリアリーチングの一つです。南アフリカやメキシコでは微量の金(Au)と銀(Ag)を含むパイライト［$FeS_2(Au,Ag)$］を産出します。この鉱石1トンの中には，8.2gのAuと43gのAgが含まれています。この少ないAuとAgを鉱石からいきなり取り出すのは大変です。たとえば，シアン化ナトリウムでAuとAgを溶かし出す青化浸出法を適用してもAuとAgが鉱物の表面に出ていないのでシアン化イオンと反応しません。そこで $T.\ ferrooxidans$ とその培地をこの鉱石に加えて空気を吹き込み数十日間撹拌しますと，硫黄が酸化除去されてAuとAgに富んだ鉱物が得られます。これをシアン化ナトリウムで処理して溶かし出して亜鉛末置換によってAuとAgを得ることができます。

$$FeS_2(Au,Ag) + 3.5\,O_2 + H_2O \longrightarrow Fe^{2+} + 2\,SO_4^{2-} + Au + Ag + 2\,H^+$$
$$2Au + 4NaCN + 2H_2O \longrightarrow 4Na^+ + 2Au(CN)_2^- + 2OH^- + H_2$$
$$2Ag + 4NaCN + 2H_2O \longrightarrow 4Na^+ + 2Ag(CN)_2^- + 2OH^- + H_2$$
$$2Au(CN)_2^- + Zn \longrightarrow 2Au + Zn(CN)_4^{2-}$$
$$2Ag(CN)_2^- + Zn \longrightarrow 2Ag + Zn(CN)_4^{2-}$$

14.6　鉱山の湧き水の処理

　たとえば，岩手県にある旧松尾鉱山からは，廃鉱になってからも多量に Fe^{2+} を含む酸性の湧き水が出ています。この水が北上川の上流の赤川を流れる間にpHが上がり空気にさらされ，さらに鉄酸化細菌の作用などもあって，Fe^{2+} が Fe^{3+} に酸化されて川底に多量の赤褐色の粘質物質状沈殿が生じていたのです。そこでこの湧き水の中の鉄を除くのに $T.\ ferrooxidans$ が利用されています。

　以前は湧水に水酸化カルシウム $Ca(OH)_2$ と炭酸カルシウム $CaCO_3$ を同時に加えて中和と硫酸の除去をしようとしましたが，このような操作により水酸化第二鉄と硫酸カルシウムの混合物のコロイド状沈殿が生じ，これらの沈

$$Fe^{2+} + H_2SO_4 \xrightarrow{\text{T. ferrooxidans}} Fe^{3+} + H_2SO_4$$

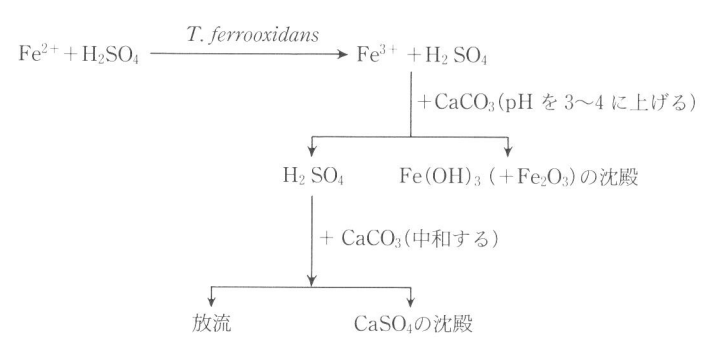

$$\downarrow + CaCO_3 (\text{pHを3〜4に上げる})$$

$$H_2SO_4 \quad Fe(OH)_3 \; (+Fe_2O_3) \text{の沈殿}$$

$$\downarrow + CaCO_3 (\text{中和する})$$

放流　　　$CaSO_4$の沈殿

図14.7　鉱山の湧き水の処理方法を示す図

殿物は利用できないばかりか捨てる場所がなくて困ったのです。現在では，T. ferrooxidans により Fe^{2+} を Fe^{3+} に酸化して，まず炭酸カルシウムを加え pH を3-4に上げ，水酸化第二鉄 $Fe(OH)_3$ ないしは三酸化二鉄 (Fe_2O_3) を沈殿させます。次に，炭酸カルシウムをさらに加えて中和して硫酸カルシウム ($CaSO_4$) を沈殿させ，上澄みを放流することができます。このようにすると，水酸化第二鉄ないしは三酸化二鉄の沈殿と硫酸カルシウムの沈殿は別々に得られますので再利用できます。

14.7　遺伝子操作における利用

　微生物，とくに細菌には大腸菌 (E. coli) のように増殖の速いものがあり，このような細菌は DNA を増やしたり，またその DNA によりコードされる酵素やタンパク質を大量につくらせることに利用されています。これにより遺伝子の交換が種の枠を越えて行えるようになりました。このような技術は遺伝子工学と呼ばれています。

　目的とする DNA を増やすにしても，DNA のコードする酵素やタンパク質を生産するにしても，その DNA を微生物の細胞に入れてやらなければならなりません。DNA を入れるための細胞は宿主と呼ばれます。宿主に DNA を挿入するためには細胞壁を除去したプロトプラストをつくり DNA を取り込ませたり，DNA 断片を取り込ませたファージを感染させて宿主の

微生物に導入することができます。さらに，細菌や酵母を宿主細胞として用いるときはそれらに存在するプラスミドという自律複製性の染色体外環状DNAがよく利用されます。すなわち，細菌や酵母には，ゲノムDNAの他に小さな環状のDNAがありプラスミドと呼ばれています。プラスミド上の遺伝子はいずれも細胞が生存するのに必須のものではありませんが，自己複製の遺伝子の他に，毒素の生産をしたり，あるいは薬剤耐性などの生化学的活性を付与したりする遺伝子をもっています。このプラスミドというDNAは細胞の接合により容易に細胞間で伝達を繰り返していくのです。ということは，プラスミドは微生物細胞の中に容易に入るということです。細菌や酵母を宿主細胞としようというときは，このプラスミドに複製させようとするDNAを結合させて宿主細胞に入れることができます。この場合のプラスミドのように，外来DNAを宿主細胞内へ挿入する際の運搬体の役割を果たし，宿主細胞内で増殖できるDNAをベクターといいます。プラスミドをベクターとするときはプラスミドベクターといい，ファージをベクターとするときはファージベクターといいます。

そこで，たとえば $E.\ coli$ K-12 のプラスミドを単離して，制限酵素というDNA分子の中の特定の塩基配列のところを切断する酵素を用いて切断します。EcoR1という制限酵素で切断しますと切り口が図14.8 Aのようになっています。増加させようと思うDNAも同じくEcoR1で切断してやると，相補的な塩基配列をもつDNA(図14.8 B)ができますので，これとEcoR1で切断したプラスミドとをDNAリガーゼという酵素を用いて結合させます(図14.8 C)(GとC，AとTが対をつくることを思い出してください)。このように処理したプラスミドを $CaCl_2$ で処理して細胞膜の透過性をよくした受容細胞($E.\ coli$ K-12)に入れて培養します。すると $E.\ coli$ が増殖して目的とするDNAが増加するわけです。$E.\ coli$ を培養して，たとえばクローニング(特定のDNAの単離)しているDNAがコードする酵素の活性をもつコロニーの中の細胞をつりあげ，それを大量に培養すれば目的とするDNAを量産することができます。しかし，そううまく酵素の生産が行われるとは限りません。そこで，$E.\ coli$ プラスミドにクローニングしよう

14・7 遺伝子操作における利用

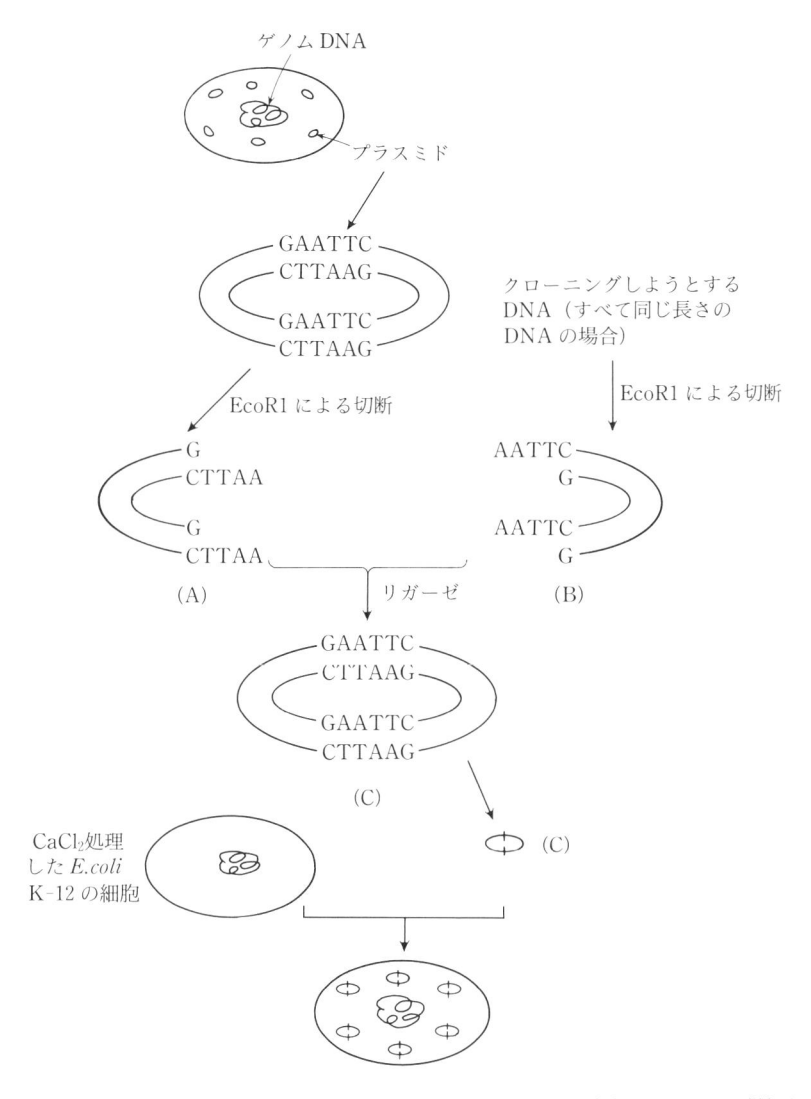

図14.8 クローニングしようとするDNAをプラスミドに結合させ宿主細胞に入れて増加させる手順のあらまし

とする DNA が結合しているかどうかを知るには，たとえば，5-ブロモ-4-クロロ-3-インドリル-β-D-ガラクトシドという化合物を *E. coli* の培地中にいれておきます。この化合物はガラクターゼで分解されますと青い色がでます。EcoR1 で切断さらたプラスミドの切断部位に他の DNA が結合しますと *E. coli* のガラクターゼが発現しなくなりますので目的とする DNA が結合したプラスミドのみを含む細菌細胞のつくるコロニーは白色をしていますが，目的とする DNA を結合していないプラスミドを含む細胞のコロニーは青色をしています。そこで白色コロニーの細胞だけをつりあげて培養した後，アルカリを加えて細菌細胞を溶かし，外来 DNA を結合しているプラスミドを集めて，目的とする DNA の塩基配列を決めることができます。これ以上の操作は遺伝子工学の専門書にゆずりましょう。

第15章　微生物と人間(Ⅲ)―環境―

　この章では微生物が地球環境にどのようにかかわっているかを考えてみます。微生物は動物の死骸や排出物を，また枯れた植物を分解し無機物にします。そのような微生物の活動のおかげで地球上の物質が循環するのです。

15.1　自然界における窒素の循環

15.1.1　窒素循環のあらまし

　大気の約78％を占めるN_2はずっとN_2という形にとどまっているのではなく，図15.1に示したように

$$N_2 \longrightarrow アンモニア(NH_3およびNH_4^+) \longrightarrow 亜硝酸 \longrightarrow 硝酸 \longrightarrow N_2$$

というふうに変化しているのです。動物が死んで微生物により分解されればアンモニアを生じますし，動物の排出物も微生物で分解されてアンモニアを生じます。また植物が枯れて微生物で分解されてもアンモニアが生じます。さらに肥料として硫安を田畑に撒けばアンモニアが生じます。アンモニアの一部はイネのような植物に吸収されますが，残りはアンモニア酸化細菌により亜硝酸に酸化されます（多くは炭酸カルシウムあるいは水酸化カルシウムと反応して亜硝酸カルシウムとなります）。亜硝酸は毒性が強くて植物はこれを利用しませんので，直ちに亜硝酸酸化細菌により硝酸に酸化されます。硝酸は土壌中のカルシウム塩（多くは炭酸カルシウムあるいは水酸化カルシ

ウム)と反応して硝酸カルシウムの形になります。硝酸塩は植物にとってよい窒素源ですので全ての植物が利用しますが，一部は脱窒菌によりN_2になります。一部といいましたが熱帯地方では植物と脱窒菌との取り合いになり，ほとんどの硝酸塩は脱窒されてしまいます。N_2になるともはや植物はこれを利用できませんが，そこはよくしたもので，自然界にはN_2を植物の利用できる形にする(窒素固定をする)細菌がいます。固定された窒素は再び植物に利用され，植物は動物に食べられるので，図15.1に示したような循環系が存在することになります。

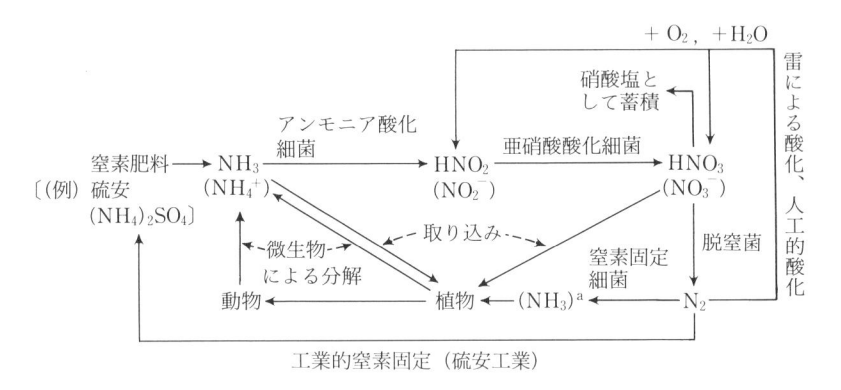

図15.1 自然界の窒素の循環を示す図
　a 固定された窒素はアンモニアを経て窒素化合物になるのであって，遊離のアンモニア(あるいはアンモニウム塩)そのものができるのではありません。

硝酸塩のかたちで蓄積して一時循環系からはずれているのは，たとえばヨーロッパの石造りの建築物の壁にくっついている硝酸塩とか，わが国では後で述べる火薬の原料としての硝石です。もっとも，硝石は火薬として使用すればN_2になりますのでやがて循環系に戻ります。

図15.1からも分かるように，このアンモニア酸化細菌と亜硝酸酸化細菌(あわせて硝化細菌)は窒素の循環において重要な役割を果たしていますが，これまではあまり注目されませんでした。多くの研究者も窒素の循環などあたりまえであって，とくに関心を払わなくても事故など起こらないとたかをくくっていたのです。ところが1962年にわが国で事故が起こりました。そのことについて述べる前に，江戸時代にはわが国では硝化細菌(もちろん当

時は硝化細菌などという名称はなかったのですが)をあるものの製造に利用していたのです。そのあるものとは硝石(KNO_3)です。

15.1.2 硝石の製造

　1543年種子島に鉄砲が伝来してから各地の戦いに鉄砲が使われるようになりました。鉄砲は見よう見まねで造りましたが，それに使う火薬はおいそれと造るわけにはいかなかったのです。当時の火薬は黒色火薬でしたが，それの原料としては炭素と硫黄と硝石が必要であります。炭素は上質の木炭を粉末にして使うことができましたし，硫黄は，わが国では上質な天然硫黄が産出しますのでこれを使うことができました。しかし，硝石はわが国では産出しないので輸入に頼らなければならなかったのです。そのために多量の金銀が外国へ流出したといいます。そこで硝石を製造することになったのです。

　始めは，40-50年以上経った家の便所や馬小屋付近の床下からかき集めて土を水で浸出し，浸出液を煮つめて，それに灰汁を加えて上澄みを採って煮つめ，それを冬の寒い夜外に放置して硝石を結晶として得たのです。しかし，40-50年も経った古い家の床下の土は，一度採ればまた40-50年待たなければ得られないので気の長い話です。そこで，"硝石培養法"によって硝石を製造したのです。

　小屋を造りその床下に，3.6m×3.6m×2.0m位の穴を掘り，そこに魚の腹わたや人馬の尿をかけあるいはカイコの糞を混ぜて，消石灰(水酸化カルシウム)と土をまぶしておきました。4,5年経つと有機物から生じたアンモニアが硝化細菌の作用で硝酸になり，加えた水酸化カルシウムや土壌中の炭酸カルシウムと反応して硝酸カルシウムが生じます。この硝酸カルシウムを含む土壌(塩硝土)を水で浸出して上述の方法で硝石を製造しました。たとえば，0.35m^{3}の塩硝土を180リットルの水で浸出し，煮詰めて5.4リットルにします。これに灰汁を入れてさらに2.7リットルになるまで煮詰めて木綿布でろ過した液を，寒い冬に一夜外に放置すると山吹色の針金のような約380gの結晶が析出しました。2回再結晶を繰り返して，無色透明で長さ

18-21cm もある六角柱状の結晶を得ることができたのです。これは上煮塩硝と称して火薬の原料に用いられました。

15.1.3 ハウス内の作物が全滅した話

田畑の土壌中では，普通はアンモニア酸化細菌と亜硝酸酸化細菌がバランスよく生育していますので，アンモニアから順調に硝酸ができます。ところが両細菌の生育のバランスが崩れると事故がおこります。1962年高知県南国市周辺でハウス内の作物が次々と枯れるという事件が起こりました。ハウスのビニールの内面についている水滴の中に高濃度の亜硝酸が検出されたことから分かったのですが，作物の植わっている土壌の中に多量の亜硝酸ができていました。色々調べた結果，作物を早く育てようと尿素のような窒素肥料を与えすぎたためにアンモニア酸化細菌の活発な活動で多量の亜硝酸ができ，そのため土壌のpHが5.5付近まで低下していました。亜硝酸酸化細菌はpHが6以下に下がると亜硝酸を酸化しなくなるどころか，一度つくった硝酸を還元して亜硝酸をつくります。そんなわけで蓄積した亜硝酸が低いpHのため分解されてNOガスを発生し，生じたNOが空気中のO_2と反応してNO_2を生じこのNO_2が作物を枯らしたのであることが分かりました。

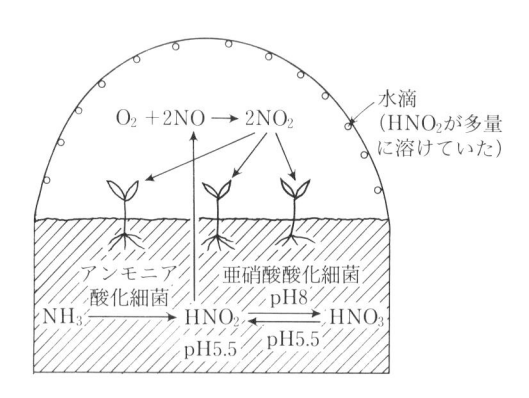

図15.2 ハウスの中の作物が亜硝酸塩の蓄積が原因で枯れたことを示す模式図

15.2 自然界における硫黄の循環

15.2.1 硫黄循環のあらまし

図 15.3 に示したように，硫黄も自然界では色々と形を変えて循環しています。温泉などから，つまり地球の内部から H_2S が出てきます。動物が死んで微生物で分解されれば，あるいは動物の排出物が微生物で分解されれば H_2S が生じますし，植物が枯れて微生物で分解されても H_2S が生じます。H_2S は硫黄酸化細菌や光合成硫黄細菌により単体硫黄 (S^o) を経て硫酸 (H_2SO_4) に酸化されます。土壌中や河川の水中では生じた硫酸は炭酸カルシウム等と反応して硫酸塩になり，硫酸塩は硫酸還元菌により還元されて H_2S を生じます。単体硫黄の中には硫黄鉱床として一時循環系からはずれることになるものもあります。また，H_2S の一部は金属と反応して硫化物を生じますが，硫化物の中でも特にパイライト (FeS_2) は好酸性鉄酸化細菌により酸化されて硫酸を生じます。

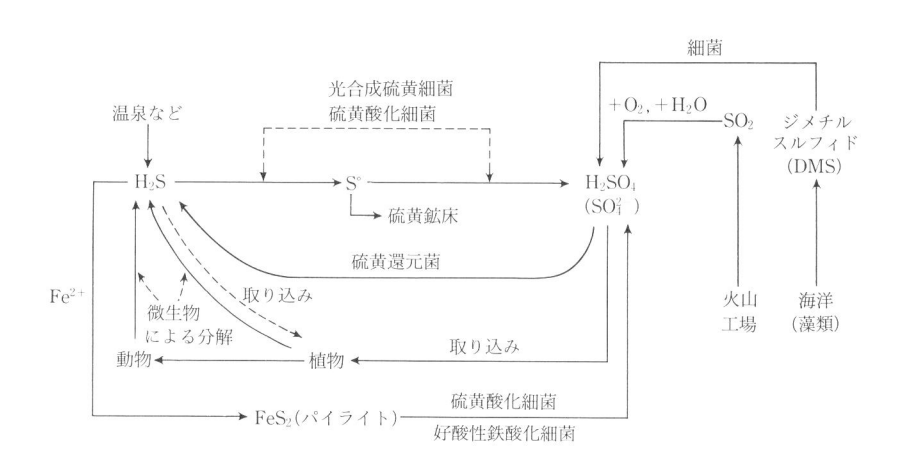

図 15.3 自然界における硫黄の循環を示す図

15.2.2 湖をまもる光合成硫黄細菌

深さが25m以上ある湖の底では硫酸還元菌が活動しておりH_2Sが生じています。しかし，水面下15mくらいのところは溶存酸素の濃度がゼロになっており，また光のとどく限界ですが，この場所には光合成硫黄細菌が生息していて下から上昇してくるH_2Sを食べてしまいます。だから湖の上層部にはH_2Sがなく，魚も泳いでおれば夏は人間も泳ぐことができます。

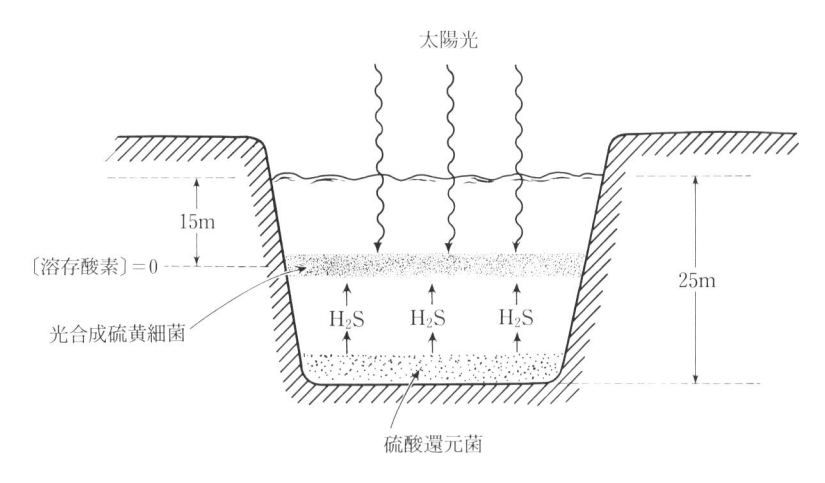

図15.4 湖と光合成細菌の関係を示す図

15.2.3 硫黄鉱床の形成

自然界にある硫黄の同位体で主なものは^{32}Sと^{34}Sで，火山活動で生じたばかりの硫黄化合物の$^{32}S/^{34}S$比は22.21です。しかし，硫酸還元菌は$^{32}SO_4^{2-}$の方を$^{34}SO_4^{2-}$よりもずっと速く還元しますので，この細菌の作用で生じた硫化物の$^{32}S/^{34}S$比は22.21より大きくなります。北米大陸にある大きな硫黄鉱床の硫黄の同位体比を調べてみますと22.21より大きいので，この硫黄鉱床の形成には硫酸還元菌が関係したことが分かります。現在でもアフリカのある湖では，昔，硫黄鉱床がこのようにして形成されたのではないかということを示す"自然による実験"とでもいうべき現象が見られます。湖

15·2 自然界における硫黄の循環

水は硫酸カルシウム($CaSO_4$)で飽和されていて湖面には光合成硫黄細菌が分厚く生育してマットを形成しています。湖底では硫酸還元菌が硫酸カルシウムを還元してH_2Sを生じ，これが上昇して光合成硫黄細菌の所に達します。光合成硫黄細菌は太陽の光を受けてH_2SをS^oに酸化すると同時にCO_2から有機物を合成して硫酸還元菌に与えます(図 15.5)。このようにして太陽エネルギーを用いて硫酸塩を単体硫黄に還元するという反応が続けられています。たとえ，1年間に1 mmずつ単体硫黄が積ったとしても，1千万年経つと1万メートルの硫黄の山ができることになります。

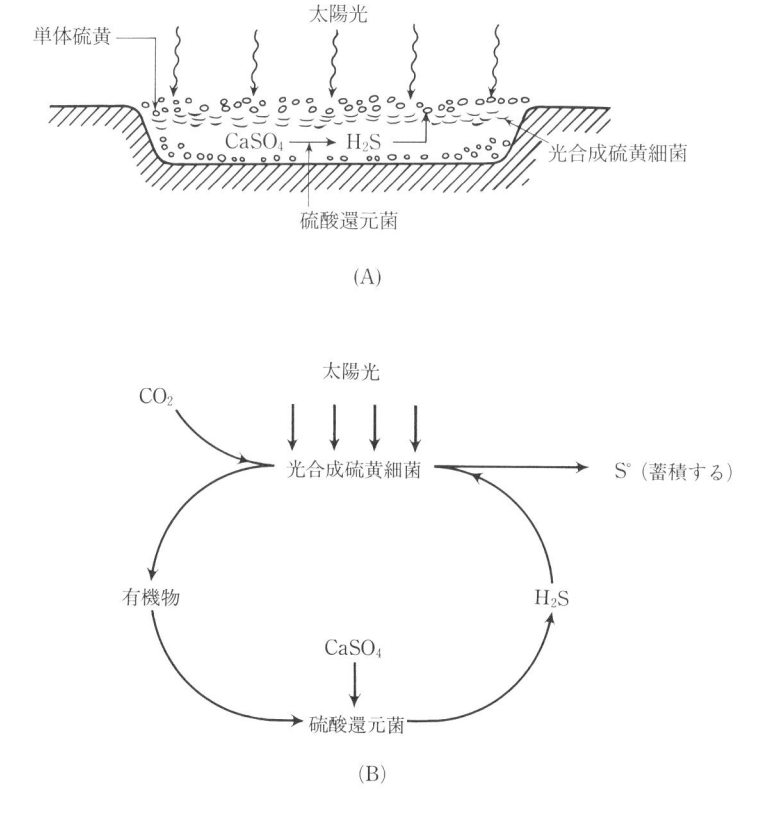

図 15.5 硫黄鉱床の形成過程を示す模式図（A）と概念図（B）

15.2.4 暗黒の深海底で細菌が動物界を支える

2500mよりも深い暗黒の深海底にある熱水噴出孔の周辺にエビ，カニ，二枚貝，フジツボ，チューブワームなど沢山の動物が生息していることが分かっています。熱水噴出孔の周辺には硫黄酸化細菌である$Beggiatoa$(ベギアトア)属の細菌がマット状に生育していて噴出される熱水中のH_2Sを酸化しています。上記のチューブワーム以外の動物はこの硫黄酸化細菌を食べ生きているのです。また，チューブワームは直径が3-5cm，体長が2mあり，白い体の頂上に赤い鰓をつけていてゆっさゆっさ揺れているさまは壮観です。チューブワームは口も肛門も退化しているため$Beggiatoa$を食べませんが，別の硫黄酸化細菌である$Thiobacillus$(チオバチルス)属の細菌が体内に住んでいます。チューブワームは，そのヘモグロビン分子がO_2とH_2Sを別々の場所に結合することができ，自身の呼吸のためにO_2を使うほか，体内にいる硫黄酸化細菌にH_2SとO_2を供給してこの細菌を育てて食べているのです。従来は，植物が太陽光を利用して光合成で有機物を合成し，その植物を食べて動物が生育するという生態系のみが考えられていたわけですが，暗黒の深

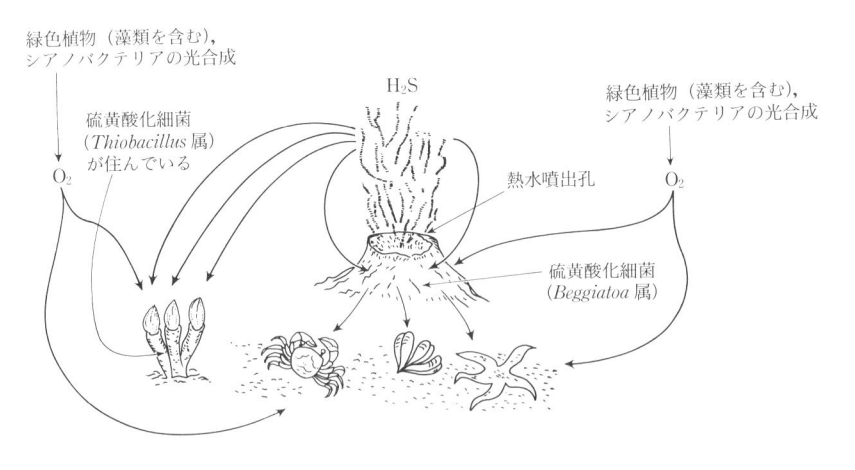

図15.6 熱水噴出孔付近の動物生態系を示す模式図

海底の動物界は太陽光に依存しない，独立栄養化学合成細菌に支えられているということが分かり大変な驚きでした。しかし，熱水噴出孔からはO_2が出ません。動物はもちろん，独立栄養化学合成細菌も，結局は植物による光合成の結果つくられるO_2を利用しなければならないことが分かりこの驚きも半減しました。

15.2.5 細菌によるコンクリートの腐食

最近，下水処理施設のコンクリート製浄化槽が硫黄酸化細菌で腐食されるということが問題になっています。これは硫酸還元菌が下水中の硫酸塩を還元して生じたH_2Sを硫黄酸化細菌が酸化して硫酸をつくり，この硫酸がコンクリートの細孔内で濃縮されてコンクリートを腐食するために起きるのです。被腐食コンクリートからは好酸性鉄酸化細菌(硫黄化合物も酸化する)も見い出されますのでH_2Sの酸化にはこれら2種類の細菌が関与していると考えられます。これらの細菌によるコンクリートの腐食を防止するにはギ酸カルシウムが大変有効であることが分かっています。ギ酸カルシウムは50 mM以上の濃度でこれらの細菌の生育を完全に阻害します。

15.2.6 宅地の盤膨れ

福島県いわき市などで，家の床下の土が局部的に膨れ上がり壁が割れたり柱が傾いたりする(盤膨れ)被害が起こっています。この宅地の盤膨れも細菌によって起こることが分かりました。新第三紀層泥岩の切土地盤は水分を多く含みさらに比較的多量の有機物を含んでいます。その上に家を建てますと特に夏場は土の温度が上がり，また水分が多くて通気が悪いため土の中は嫌気的になっており，さらにpHが7-8であるため，そこに生息する硫酸還元菌が活動を始めH_2Sが生じます。家が建ち地下水位が下がり，雨水も遮えぎられているため土は次第に乾燥してきます。すると通気性がよくなり中性付近でも生育できる硫黄酸化細菌がそのH_2Sを酸化して硫酸を生じ，土が酸性になります。土のpHが3付近まで下がりますと好酸性鉄酸化細菌が活動するようになります。盤膨れの起こる土の中にはパイライトが存在しますので好酸性鉄酸化細菌がそれを酸化して多量の硫酸とFe^{2+}を生じま

す。Fe^{2+} はやがてこの細菌により酸化されて Fe^{3+} になります。硫酸は土の中の炭酸カルシウムと反応して硫酸カルシウムを，また Fe^{3+} および K^+ と反応してジャロサイト（鉄ミョウバン石）を生じ，硫酸カルシウムはやがて石膏の結晶となり，またジャロサイトも結晶になります。これらが生成する過程により，また生じた結晶により土が膨れ上がり盤膨れが起こるというわけです。

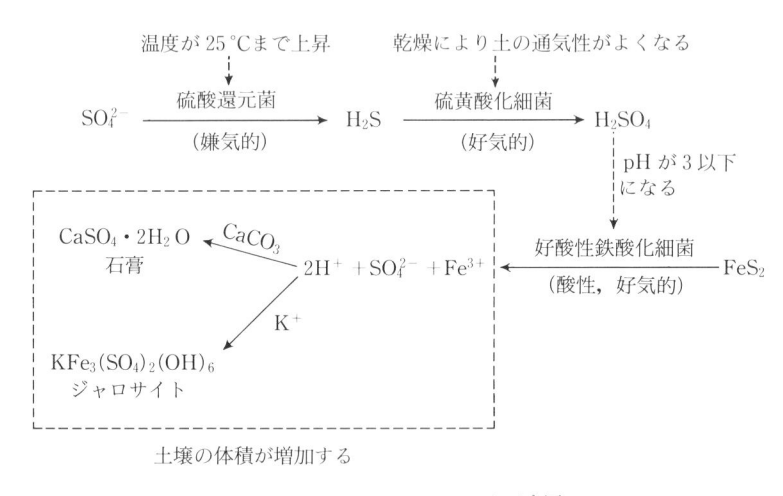

```
                      温度が25℃まで上昇       乾燥により土の通気性がよくなる
                        硫酸還元菌                硫黄酸化細菌
    SO₄²⁻  ─────────────→  H₂S  ─────────────→  H₂SO₄
                        （嫌気的）                （好気的）
                                                           │ pHが3以下
                                                           │ になる
                                                           ↓
    ┌─────────────────────────────────────────────┐  好酸性鉄酸化細菌
    │  CaSO₄·2H₂O   ← CaCO₃                       │                       
    │   石膏          \                            │   （酸性，好気的）   ← FeS₂
    │                 2H⁺ + SO₄²⁻ + Fe³⁺          │
    │                 /                            │
    │                K⁺                            │
    │  KFe₃(SO₄)₂(OH)₆                             │
    │   ジャロサイト                               │
    └─────────────────────────────────────────────┘
                  土壌の体積が増加する
```

図 15.7 宅地の盤膨れの原理を示す図

参 考 文 献

本書を執筆するにあたって，主に次の書を参考にしました。

1) **Bergey's Manual of Determinative Bacteriology** 9版(1994)　J.G. Holt, N. R. Krieg, P. H. A. Sneath, J.T. Stanley, S. T. Williams 共編　Williams & Wilkins, Baltimore, USA

   9版が最新版ですが8版の方が各細菌についてはるかに詳しく記述されています。これらは要するに細菌の事典でして細菌の研究をするにはなくてはならない本といえます。

2) **Bergey's Manual of Systematic Bacteriology** 1巻(1984)，2巻(1986)，3巻(1989)，4巻(1989)，J.G.Holt 監修　Williams & Wilkins, Baltimore, USA

   本書は細菌の研究者にとっては大変重要な本です。が初心者向けではありません。

3) 微生物学上・下　原書第5版　(1986)；日本語版　上(1999 10刷)，下(1999 8刷)　R.Y. スタニエ，J.L. イングラム，M.L. ウィーリス，P.R. ペインター 共著(高橋　甫，斎藤日向，手塚泰彦，水島昭二，山口英世　共訳)　培風館

   本書は微生物学の神髄を述べたもので微生物学を深く勉強したい人には是非読んでいただきたい本であります。

4) 微生物科学―基礎・バイオ・環境利用まで―　(1998)　宍戸和夫，塚越規弘，共著　昭晃堂

   本書は「微生物学への誘い」を読んでさらに微生物学を勉強してみた

5) **菌と人と自然と** (1989) 赤川博典 著 学会出版センター

　　本書の内容は参考文献3)に述べてあるような「微生物の世界」という考えに必ずしも賛成していません。ある程度微生物学の勉強をしてから読んでみるとよいでしょう。

6) **微生物学入門** (1986) J.F. ウィルキンソン著(大隅正子, 小堀洋美, 大隅典子　共訳)　培風館

　　本書は入門書であり,「微生物学への誘い」とあわせて読めば微生物学の勉強が大いに進むでしょう。

7) **微生物科学1巻** (1980) 柳田友道 著

　　全5巻ありますが,「微生物学への誘い」に書いてある内容については, 特に1巻「分類・代謝・細胞生理」が参考になります。

8) **入門生物地球化学** (1992 初版, 1998 4刷) 山中健生 著 学会出版センター

　　本書は微生物と環境の関係を詳しく知りたい人にお薦めします。

9) **微生物のエネルギー代謝** (1986 初版, 1999 2刷) 山中健生 著 学会出版センター

　　本書には微生物がどのようにしてエネルギーを獲得するかそのメカニズムについて詳しく述べてあります。

10) **独立栄養細菌の生化学** (1999) 山中健生 著 アイピーシー

　　本書は独立栄養細菌の生理・生化学について記述したいわば我が国唯一のモノグラフです。

索　引

■和文索引

あ 行

アイルランド　47
アオカビ　4,44,46,114
アクアスピリルム属　85,88
　（*Aquaspirillum*）
足白癬　109
亜　種　96
亜硝酸　1,125,126,128
　──酸化細菌　57,63,90,125,126,128
アスコスポア　46
アスペルギルス・ニーデュランス　46
　（*Aspergillus nidulans*）
アスペルギルス・オリュザエ　46
　（*Aspergillus oryzae*）
アスペルギルス・フラウス　110
　（*Aspergillus flavus*）
アセトアルデヒド　66
アセトバクテル属　85
　（*Acetobacter*）
アセトバクテル・アセティ　88
　（*Acetobacter aceti*）
アセトバクテル・キシリヌム　88
　（*Acetobacter xylinum*）

アゾスピリルム属　87
　（*Azospirillum*）
アゾスピリルム・ブラシリエンセ　87
　（*Azospirillum brasiliense*）
アゾトバクテル属　85
　（*Azotobacter*）
アゾトバクテル・ウィネランディイ
　（*Azotobacter vinelandii*）　86
アデニリル硫酸（APS）　65
アデニル酸　71
　──シクラーゼ　105
アデニン（A）　74,76
アデノウイルス　103
アデノシン-5'-三リン酸（ATP）　55
アデノシン-5'-二リン酸（ADP）　55
アデノシン-5'-ホスホ硫酸（APS）　65
アデノシン一リン酸　71
アナシスチス・ニーデュランス　81
　（*Anacystis nidulans*）
アナバエナ・ワリアビリス　81,82
　（*Anabaena variabilis*）
アフラトキシン　110
アフリカ睡眠病　108

アミノ酸　1,118
　——の製造　96,118
アミラーゼ　97,113,114
アメーバ　2,4,25,41,43,
　——用培地　16
　赤痢——　106
アメーバ・プロテウス　43
　(*Amoeba proteus*)
アラニン　34
アルカリゲネス属　85
　(*Alcaligenes*)
アルカリ性メチレンブルー液　22
アルコール飲料　1,113
アルコール発酵　6,65,66,113
暗黒の深海底　132
　——の動物界　132
(光合成の)暗反応　58
アンピシリン　34,36,108
アンホテリシン B　36,110
アンモニア　1,125,126,128
　——酸化細菌　57,63,90,125,126,
　128
硫　黄　127,129,130
　——鉱床　129,130
　——鉱床の形成　130,131
　——酸化細菌　57,63,89,129,132,
　133,134,
　——の循環　129
遺伝子工学　121
いもち病　47
(副作用が少ない)医薬　35
院内感染　96,115
インフルエンザ　4,110,111
　——ウイルス　103
ウィノグラドスキー　8
　(Winogradsky, S.N.)
ウイルス　2,4,22,80,101,110,111

　——肝炎(A, E 型)　111
　——肝炎(B, C, D, G 型)　111
　——の培養　17
ヴェシクル(頂嚢)　46
ウシ型結核菌[ミコバクテリウム・ボ
　ウィス(*Mycobacterium bovis*)]　95
ウメノキゴケ　48
液体培地　10
液胞(バキュオール)　29,30,46,48
エスケリア(*Escherichia*)属　91
エスケリア・コリ　69,73,77,91
　(*Escherichia coli*)
エタノール　21,66
エチレンオキシド　21
江戸時代　126
エネルギーの生産系　101
エノキタケ　15
エ　ビ　132
塩化セシウム(CsCl)　77
塩硝土　127
塩　素　118
黄色ブドウ球菌[スタフィロコッカス・
　アウレウス(*Staphylococcus aureus*)]
　77,96,115
黄銅鉱　119
オートクレーブ　10,21
大　麦　113,114
緒方洪庵　106
オキシテトラサイクリン　117
オキシルシフェリン　71
雄配偶子　45
おたふくかぜ　111
温　泉　129

か 行

回分培養　20
(グラム陰性細菌の)外膜　33

和文索引

(ミトコンドリア)外膜 37
海　洋　129
カウロバクテル(*Caulobacter*)属 52, 53, 54
カウロバクテル・ロゼット　53, 54
　(*Caulobacter* rosette)
化学合成(細菌)　57, 62, 65
化学進化　5
核　25, **30**, 36, 42, 43, 47, 48
　——分裂　49
　——融合　49
　——様態　37, 97
　——領域　97
核酸(DNA)の構造　76
(細胞の)隔壁　47
核　膜　25, 29, 30, 47
仮　根　44, **45**
傘(キノコの, 菌傘)　2, 14, 49
過酸化水素　107
火　山　129
ガス壊疽　109
カスガマイシン　47
カ　ニ　132
カ　ビ　1, 3, 4, 9, 25, 44, **45**, **46**, 47, 48, 50, 57, 64, 79, 98, 109, 110, 113, 114
　——の菌糸　2, 46, 47
　——の培養　7, 14
カプシド　101
(細菌の)カプセル　26, 31
雷による(窒素ガスの)酸化　126
火　薬　126
ガラクターゼ　124
カリオガミー　49
ガリオネラ・フェルギネア　90
　(*Gallionella ferruginea*)
カルボールフクシン液　22
枯草菌(バチルス・スブチリス, *Bacillus subtilis*)　4, 25, 79
カロチノイド　25
桿　菌　51, 52, 53, 85
寒　天　8, 12
眼　点　42
乾熱滅菌　21
ギ酸カルシウム　133
基質レベルのリン酸化　66
北上川　120
キチン　47
輝銅鉱(Cu_2S)　119
キノコ　2, 3, 4, 25, **48**, 49, 57, 64
　——の子実体　2, 14, 48, 49
　——の培養　14
球　菌　51, 52, 85
Q　熱　4
9＋2の(鞭毛, 繊毛の)構造　31, 38, 39, 43
旧松尾鉱山　120
狂犬病　5, 108, 110, 111
　——のワクチン　5
共　生　87, 88
莢膜(細菌のカプセル)　26, 31
極　毛　52, 74, 85
キリストの肉　91
菌　柄　49
菌根菌　47
菌　傘　49
菌　糸　2, 44, **46**, **47**, 48, 49, 98
グアニン(G)　74, 76
クジャク石　119
クモノスカビ(*Rhizopus*)　45, 98
クラミジア　2, 4, 22, 79, 80, 101, 107
クラミジア・トラコマチス　109
　(*Chlamydia trachomatis*)
クラミジア・プヌーモニアエ　109
　(*Chlamydia pneumoniae*)

クラミジア肺炎　109
クラミドモナス　4,41,42
クラミドモナス・レインハルティイ
　　(*Chlamydomonas reinhardtii*)　42
グラム陰性細菌　23,26,31,34,35,78,
　　85-94,115,116,118
　　——群　83
　　——の外膜　26,31
　　——の細胞壁　26,31,33
グラム染色法　**23**,24
グラム陽性細菌　23,34,35,36,79,95-
　　99,115,116,118
　　——の細胞壁　31,33
グリシン(Gly)　32,34
クリスタ　37
クリスタルバイオレット液　22
グリセルアルデヒド-3-リン酸　66
グリセロール　27,51
　　——の(ジ)エーテル　27,29,51
　　——の(ジ)エステル　27,29,51
グルカン　47,48
グルコース　97,113,114
グルタミン酸(Glu)　32,34,62,83
クレーデ(Crede)法(またはクレーデ点
　　眼)　107
クローニング　122,123
クロストリジウム(*Clostridium*)属
　　97,98
クロストリジウム・クリューウェリ
　　(*Clostridium kluyveri*)　98
クロストリジウム・テタニ　98,108
　　(*Clostridium tetani*)
クロストリジウム・ブチュリクム　98
　　(*Clostridium butyricum*)
クロストリジウム・ペルフリンゲンス
　　(*Clostridium perfringens*)　109

クロストリジウム・ボツリヌム　98
　　(*Clostridium botulinum*)
クロマチウム・ウイノスム　82,83
　　(*Chromatium vinosum*)
クロマチン　29
クロマトホア　36,37
クロラムフェニコール　19,35,36,118
クロルテトラサイクリン　117
クロレラ(*Chlorella*)　2,3,4,25,41,42
　　——用培地　15
クロレラ・エリプソイデア　42
　　(*Chlorella ellipsoidea*)
クロロソーム　36,37
クロロビウム・リミコーラ　82
　　(*Chlorobium limicola*)
クロロビウム・リミコーラ・エフ・チオ
　　スルファトピルム(*Chlorobium limi-
　　cola f. thiosulfatophilum*)　82
クロロフィル　25,29,36,78
　　——*a*　61,81
　　——*b*　61
　　——タンパク質　58,**61**
クロロプラスト(葉緑体)　29,30,36,
　　38,42
ケイ藻　3,25,41,42
鶏卵の卵黄嚢　17
ケカビ(*Mucor*)　45,98
結　核　106,116
　　——菌　1,79,95
結膜炎　109
ケパロスポリウム・アクレモニウム
　　(*Cephalosporium acremonium*)　115
嫌気性細菌　12,13,63,80,96
　　——の培養　12,13
嫌気性微生物　6
原形質の変形(で動く)　41

和文索引

原生動物　3, 4, 9, 41, **43**, 57, 64, 110,
顕微鏡　5
好気性細菌の培養　**9-12**
高級イソプレノイドアルコール　27
高級脂肪酸　27
光合成　41, 57, 58
　　——硫黄細菌　129-131
　　——細菌　53, 60, 62, 78, 81-84
　　——細菌の培養　12, 13
　　——真核微生物　41, 42
抗酸性細菌　95
好酸性鉄酸化細菌　90, 129, 133, 134,
鉱山の湧き水　120
コウジ　1, 114
コウジカビ　1, 4, 44, 46, 113, 114
　　——用の培地　14
紅色硫黄細菌　60, 81, 83
紅色非硫黄細菌　62, 81, 83, 84
　　——用培地　13
工　場　129
抗生物質　29, 35, 36, 98, 114
高度好塩菌（ハロバクテリア）　25
酵　母　3, 4, 9, 25, **47**, 48, 57, 64, 66,
　　113, 122
　　——用培養　14
コートタンパク質　101
呼　吸　63-66, 96
黒色火薬　127
黒銅鉱　119
固形培地　8, 12
ココナツ　89
古細菌　25, 27, 41, 51,
　　——の細胞膜　29
子実体(Koch, R.)　2, 49
コッホ　7
コニジオホア　46
コプラ　89

ゴム腫　108
コリネ型桿菌　52
コリネバクテリウム属　52, 53, 96
　　(*Corynebacterium*)
コリネバクテリウム・グルタミクム
　　(*Corynebacterium glutamicum*)　118
コリネバクテリウム・ジプテリアエ
　　(*Corynebacterium diphtheriae*)
　　96, 106
コレラ　105
コレラトキシン　105
コロニー　19, 20, 70, 124
コロモジラミ　109
根　圏　87
コニジア（分生子）　46, 98
根足虫類　110
根　粒　86, 87
根粒菌　25, 86, 87
　　——とマメ科植物の組み合わせ　87

さ　行

再帰熱　108
細　菌　1, 2, 3, 9, 23, 25, 27, 35, 38, 51,
　　57, 64, 122
　　——培養　7, 9-14
　　——性赤痢　106
　　——によるコンクリートの腐食　89,
　　133
　　——の細胞　26
　　——用培地　9, 10, 12, 13
細　胞
　　——質　31
　　——質ゾル（シトソール）　30
　　——小器官　36, 38
　　——性生物　4, 27, 80, 101
　　——壁　26, 27, 29, 31, 33-35, 47, 48,
　　79

——膜　30, 31, 47, 48, 51
坂口フラスコ　10
酢　酸　88, 93
　　——菌　88
サッカロミセス・ケレウィシアエ
　　(*Saccharomyces cerevisiae*)　48, 113
サフラニン水溶液　23
サルオガゼ　48
サルキナ(*Sarcina*)　52, 53
サルモネラ・テュヒ　91, 105
　　(*Salmonella typhi*)
酸化的リン酸化　66
三酸化二鉄(Fe_2O_3)　121
酸性公害　89
3段仕込み　114
シアノバクテリア(らん藻)　25, 26, 36,
　　48, 50, 57, 58, 61, 78, 81, 132
ジアミノピメリン酸　33
シアン化ナトリウム　120
シイタケ　2, 4, 14, 48
シェトナタンパク質　87
(滅菌のための)紫外線照射　21
子宮頚炎　109
シクロヘキシミド　35, 36
シゲラ・デュセンテリアエ　91, 106
　　(*Shigella dysenteriae*)
子実層　49
子実体　2, 48, 49
自然界における硫黄の循環　129
自然界における窒素の循環　125, 126
シトクロム　58, 60-65, 96
シトシン(C)　74, 76
シトソール(細胞質ゾル)　30
子　囊　44, 46
　　——殻　46
　　——菌　44, 46-49
　　——胞子　46-49

ジフテリア　106
　　——菌　96
　　(*Corynebacterium diphteriae*)
　　——毒素　96, 106
ジフテリアトキシン　106
1,3-ジホスホグリセリン酸　66
ジメチルスルフィド　129
(生育曲線の)死滅期　67, 70
シャーレ(ペトリ皿)　11-13, 22
ジャガイモ　8, 47
ジャロサイト　134
従属栄養
　　——化学合成微生物　64-65
　　——好気性細菌　64, 78, 85-89
　　——光合成　84
　　——光合成細菌　13, 57, 60, 62, 81-84
　　——光合成真核微生物　41, 42, 57, 58
　　——呼吸　66, 84
シュードモナス属　52, 53, 74
　　(*Pseudomonas*)
周　毛　85
宿主細胞　122
出芽痕　48
出生痕　48
酒　母　114
　　速醸——　114
　　山廃——　114
種　名　73
ジュモモナス(*Zymomonas*)属　92
ジュモモナス・モビリス　91, 92
　　(*Zymomonas mobilis*)
硝化細菌　91, 126, 127
昇汞水　21
硝　酸　1, 125, 126, 128,
　　——塩　126, 127
　　——カルシウム　127
　　——銀　107

和文索引

――呼吸　64,86
硝石(KNO₃)　126,127
――培養法　127
消毒　21
上煮塩硝　128
小児麻痺　110,111
小胞体　30
食酢　88
シリカ　42
シリコンゴム栓　12
シロアリ　43
真核細胞(真核生物の細胞)　29,30,36
真核生物　35,36,64,110
――の細胞膜　29
――のリボゾーム　30,35,36,47
――の70Sリボゾーム　30,35,36, 38,47
真核微生物　25,38,41-49,113
神経毒(素)　98,108
(窒素ガスの)人工的酸化　126
人口乳栄養児　96
人工皮膚　89
真生細菌　25,27-29,31-36,41,51-54
――の細胞壁　26,31-35
――の細胞膜　26,29,31-34
新第三期層泥岩　133
水酸化カルシウム　120,127
水酸化第二鉄　121
水素イオンの電気化学ポテンシャル　66
水素酸化細菌　57
好酸性鉄酸化細菌用の培地　12
スタピュロコッカス属　52,53 (*Staphylococcus*)
スタピュロコッカス・アウレウス (*Staphylococcus aureus*)　77,95,96
ステロール　36

ストレプトコッカス属　52,53,96 (*Streptococcus*)
ストレプトコッカス・プニーモニアエ (*Streptococcus pneumoniae*)　107
ストレプトコッカス・ムタンス　97 (*Streptococcus mutans*)
ストレプトスポランギウム属　98,99 (*Streptosporangium*)
ストレプトマイシン　1,19,35,36,98, 116
ストレプトミセス属　52,53,79,98,99 (*Streptomyces*)
ストレプトミセス・アウレオファキエンス (*Streptomyces aureofaciens*)　117
ストレプトミセス・ウェネズエラ　118 (*Streptomyces venezuelae*)
ストレプトミセス・グリセウス　98,116 (*Streptomyces griseus*)
ストレプトミセス・リモスス　117 (*Streptomyces rimosus*)
ストローマ　37
スピリルム(*Spirillum*)属　52,53
スピルリナ・プラテンシス　81 (*Spirulina platensis*)
スピロヘータ(*Spirohaeta*)属　51,52, 79,108,
スワンネックを付けたフラスコ　5,6
生育曲線　67
生育定数　68
生化学　7
青化浸出法　120
制限酵素　122
生休膜　27
整腸作用　96
生物の学名　73
生物の自然発生説　5
生命の起源　5

生理食塩水(0.9% NaCl)　70
世代時間　69
石　膏　134
接合子　45
接合胞子　45
絶対嫌気性(細菌)　65,85,92,98
セファロスポリナーゼ　115,116
セファロスポリン　34,36,115
セファロスポリン C　116
セフェム系抗生物質　115
セラチア・マルケスケンス　91
　　(*Serratia marcescens*)
ゼラチン　8
穿刺培養　12
セントラルポア(菌子の)　45,47
繊　毛　39,41,
　　——の断面図　38
藻菌類　46
増殖曲線　67
増殖定数　68
ゾウリムシ　2,3,4,25,41,43
藻　類　2,3,4,9,36,41,42,57,58,81,
　　132
　　——の培養　15,16
　　——用培地の A_5 溶液　15
　　——用培地の Fe 溶液　15
属　名　73

た 行

タイコイン酸　31
帯状疱疹　111
ダイズ　118
対数期　67
大腸菌　4,25,69,91,
　　(*Escherichia coli*, エスケリキア・コリ)
　　——O157　1
　　——の質量　70

太陽光　130-133
宅地の盤膨れ　133,134
多孔性シリコンゴム　10
脱　窒　86
　　——菌　64,126
タバコモザイクウィルス　4,103
タバコモザイク病　4
ダブリングタイム　69
炭酸カルシウム　120,121,134
炭酸呼吸　63,93
担子器　48,49
担子菌　48,49
担子胞子　48,49
単純ヘルペス　111
単　生　87
炭　素　127
炭疽病　7
単体硫黄($S°$)　60,89,127,129,131
　　——の顆粒　82
タンパク質　61,62
　　——の生合成　27,36
　　——の合成の阻害　35,106
　　——分解酵素(プロテイナーゼ)
　　　　77,97
地　衣　48,50
チーズ　98
チオバチルス(*Thiobacillus*)属　132
チオバチルス・チオオキシダンス　89
　　(*Thiobacillus thiooxidans*)
チオバチルス・ネアポリスタヌス　89
　　(*Thiobacillus neapolitanus*)
チオバチルス・ノウェルス　90
　　(*Thiobacillus novellus*)
チオバチルス・フェロオキシダンス
　　(*Thiobacillus ferrooxidans*)　90,119
チオ硫酸塩　82,83
地球環境　125

──と微生物　1,8,78
地球の質量　70
地球の内部　129
地磁気　88
窒　素
　　　──ガス　1,8,125,126
　　　──源(植物の)　126
　　　──の循環　125,126
窒素固定　82,86,87,126,
　　　──細菌　8,126
　　　──専用の細胞　82
　　　工業的──　126
チミン(T)　74,76
チューブリン　38
チューブワーム　132
　　　──のヘモグロビン　132
超好熱性細菌　80
腸チフス(菌)　105,118
頂　囊　46
チラコイド　25,26,36,37
通性嫌気性細菌　78,91
通性独立栄養性　90
ツツガムシ　108,109
　　　──病　4,108,109
(キノコの子実体の)つば　49
ツベルクリンタンパク質　95
ツベルクリン反応　95
(キノコの子実体の)つぼ　49
ツボカビ　45
定常期　67,70
5'-デオキシアデニル酸(d-AMP)　75
5'-デオキシグアニル酸(d-GMP)　75
5'-デオキシシチジル酸(d-CMP)　75
5'-デオキシチミジル酸(d-TMP)　75
デオキシリボース　76
テキーラ　92

デスルホトマクルム属　97,98
　　(*Desulfotomaculum*)属
デスルホビブリオ属　53,65,92,93,98
　　(*Desulfovibrio*)
デスルホビブリオ・ブルガリス　93
　　(*Desulfovibrio vulgaris*)
テタヌストキシン　98,108
鉄　61
　　　──酸化細菌　57,63
　　　──ミョウバン石　134
鉄　砲　127
テトラサイクリン　35,36,117
　　　──系抗生物質　117
テトラヒメナ　3,4,41,43
　　　──用培地　16
テトラヒメナ・ピュリフォルミス　43
　　(*Tetrahymena pyriformis*)
デング熱　108
天然硫黄(硫黄鉱床)　127,129
糖　化　113
動物に噛まれて伝染する病気　108
銅ラン(CuS)　119
独立栄養
　　　──化学合成細菌　8,57,62,63,78,
　　　　89-91,133
　　　──光合成細菌　57,58,60,81,82
　　　──光合成微生物　41,42,57,58
　　　──呼吸　84,89-91
　　　──細菌　63,78,89-91
　　　──生物　59
トラコーマ　4,109
トリ型結核菌[ミコバクテリウム・アウィウム(*Mycobacterium avium*)]　95
トリコピュトン・メンタグラピュテス
　　(*Trichophyton mentagraphytes*)　109
トリコピュトン・ルブルム　109
　　(*Trichophyton rubrum*)

トリコマイシン　110
トリコモナス　41
トリコモナス・ワギナリス　110
　　（*Trichomonas vaginalis*）
トリパノゾーマ　4, 41, 43
トリパノソーマ・ブルケイ　43, 110
　　（*Tyrpanosoma burucei*）
トレポネマ・パリドウム　108
　　（*Treponema pallidum*）
貪　食　34

な　行

ナイスタチン　36, 110
内生胞子　79, 97
ナウィクラ・ペリクロサ　42
　　（*Navicula pelliculosa*）
ナタ・デ・ココ　88, 89
納豆菌　79, 97
ナメコ　15
ニコチンアミドアデニンジヌクレオチド
　　（NAD$^+$, NADH）　58-60
ニコチンアミドアデニンジヌクレオチド
　　リン酸（NADP$^+$, NADPH）　58-60
二酸化炭素呼吸（炭酸呼吸）　63, 93
ニトロ基　118
ニトロゲナーゼ　82, 86, 87
ニトロソモナス・エウロパエア　90
　　（*Nitrosomonas europaea*）
ニトロバクテル・ウィノグラドスキイ
　　（*Nitrobacter winogradskyi*）　69, 90
日本酒　1, 113
日本脳炎ウイルス　103
二枚貝　132
乳　酸　93, 96, 97, 114
　　――飲料　96
　　――菌　25, 79, 95, 96, 114
　　――発酵　65, 96

尿　素　128
二リン酸　71
任意嫌気性
　　――細菌　78, 91, 92, 96
　　――生物　57, 65
　　――の乳酸菌　107
任意独立栄養性　90
ヌクレオチド　75
ネイセリア（*Neisseria*）属　85
ネイセリア・ゴノロエアエ　89, 107
　　（*Neisseria gonorrhoeae*）
ネズミ　106
熱固定　22
熱水噴出孔　132, 133
ノカルディア（*Nocardia*）属　53
ノストック・ムスコルム　81
　　（*Nostoc muscorum*）
ノミ　106

は　行

肺　炎　107
　　――球菌　107
敗血症　7, 107
排水中のアンモニアの処理　91
倍増時間　69
梅　毒　108
パイライト（FeS$_2$）　120, 129, 133
ハウス　128
バキュオール（液胞）　29, 30, 47, 48
麦　芽　114
　　――糖　113
白　癬　109
バクテリア
　　――セルロース　88, 89
　　――リーチング　119, 120
バクテリオクロロフィル　78
　　――a　61, 82, 83

和文索引　　　　　　　　　　　　　　　　　　　　　　　　　　　147

　　　——b　61,82,83
　　　——c　61
　　　——d　61,82
　　　——タンパク質　60–62
バクテリオファージ　4,101,121,122
　　　——の培養　17
はしか(麻疹)　4,110,111
　　　——ウイルス　103,111
破傷風　108
　　　——菌　1,4,25,79,98,108
　　　——菌毒素(テタヌストキシン)　98,
　　　108
パストゥール(Pasteur, L.)　5
バチルス(Bacillus)属　52,53,74,97
バチルス・スブチリス　23,97
　　(Bacillus subtils)
バチルス・ピュオキュアネウス　74
　　(Bacillus pyocyaneus)
8 連球菌　52,53
白金耳　17,18,22
発　酵　57,64,65,66
　　　——の生理的意義　6
発疹チフス　4,109
バッチカルチャー(回分培養)　20
バナジウム　87
パラコッカス属　51,52,85
　　(Paracoccus)
パラメシウム・カンダツム　43
　　(Paramecium candatum)
ハロバクテリア　25
パン　1
半合成ペニシリン　115
ハンセン病病原菌[ミコバクテリウム・
レプラエ(Mycobacterium leprae)]　95
ビール　1,113,114
ピオシアニン　74,86
光化学系 1　82

光化学系 2　82
光リン酸化　66
微好気性　83,88
微小管　38
ヒストン　29,30
微生物　2,3,101,105,113,125
　　　——の大きさ　2
　　　——の固定　22
　　　——の生細胞数　20
　　　——の培養　9
　　　——の連続培養　20
(キノコの子実体の)ひだ　49
ビタミン B_2 の誘導体　92
ヒト型結核菌[ミコバクテリウム・ツベ
ルクロシス(Mycobacterium tubercu-
losis)]　69,95,106
ヒドロゲナーゼ　63
ビフィドバクテリウム属　96
　　(Bifidobacterium)
ビフィドバクテリウム・ビフィドウム
　　(Bifidobacterium bifidumu)　96
ビブリオ(Vibrio)属　51,52,53,
ビブリオ・コレラエ　91,105
　　(Vibrio cholerae)
ビブリオ・ナトリエゲネス　69
　　(Vibrio natriegenes)
ピュトプトラ・インフェスタンス　47
　　(Phytophthora infestans)
ピュロディクチウム・オクルツム　80
　　(Pyrodictium occultum)
ピュロバクルム・イスランディクム
　　(Pyrobaculum islandicum)　80
ビリオン　101
ピリクラリア・オリュザエ　47
　　(Pyricularia oryzae)
ピリジン酵素　66
肥　料　125,128

微量の金(Au)と銀(Ag)の濃縮　120
非淋菌性尿道炎　109
ファージベクター　122
ファイアライド(梗子)　46
フィコエリスリン　81
フィコシアニン　81
(滅菌用の)フィルター　21
フェノール水溶液　21
フォトバクテリウム・フォスフォレウム
　　(*Photobacterium phosphoreum*)　91,92
(副作用が少ない)医薬　35
プスードモナス(*Pseudomonas*)属　52,
　　53,74,86
プスードモナス・アエルギノサ　74,86
　　(*Pseudomonas aeruginosa*)
プスードモナス・ピュオキュアネア
　　(*Pseudomonas pyocyanea*)　74
物質循環　8,125,126,129
ブドウ果汁　114
ブドウ球菌　52,96
プヌーモシスチス・カリニイ　107
　　(*Pneumocystis carinii*)
ブフナー(Buchner, E.)　7
フラジェリン　38,39
プラスミド　122-124
プラスミドベクター　122
ブラデュリゾビウム属　85,87
　　(*Bradyrhizobium*)
ブラデュリゾビウム・ヤポニクム　87
　　(*Bradyrhizobium japonicum*)
フルクトース　114
ブルケ　92
ブレウィバクテリウム・フラウム　118
　　(*Brevibacterium flavum*)
プロジギオシン　91
プロテイナーゼ(タンパク質分解酵素)
　　79,97

プロテオバクテリア　83
プロトプラスト　121
5-ブロモ-4-クロロ-3-インドリル-
　　β-D-ガラクトシド　124
分生子　46,53,79,98
　　――柄(コニジオホア)　46
ベイエリンク(Beijerinck, M. W.)　8
平板培地　18,70
ベギアトア(*Beggiatoa*)属　132
ベクター　122
ペスト　106,108
　腺――　106
　肺――　107
　ヨーロッパと――　107
ヘテロシスト　81,82
ベト病　47
ペニシリウム・クリュソゲヌム　115
　　(*Penicillium chrysogenum*)
ペニシリウム・ノタツム　46,114,115
　　(*Penicillium notatum*)
ペニシリナーゼ　115,116
ペニシリン　19,34-36,79,89,108,115
　　――結合タンパク質(PBP)　115
　　――の1国際単位　115
　　――の誘導体　115
ペニシリンG　115,116
　　――ナトリウム　115
ペプチドグリカン　26,27,29,31-36,
　　79,81
　　――形成に関与する酵素群(PBP,
　　　PBP2')　115,116
　　――の合成　115
　　――の構造　32,33
　　――の生合成　34,115
ヘム　61,62
ヘムタンパク質　62
ヘモグロビン　62,87,132

和文索引

ペリプラズム(ペリプラズマ)　31,33,34
ヘルペス　103,111
　──ウイルス　103
鞭　毛　26,30,38,39,41-43,51
　──菌　44,45,47
　──虫類　43,110
　──の断面図　38
胞　子　44-49,79,98
　──虫類　110
　──嚢　44,45,98
　──嚢柄　44,45
　──嚢胞子　45
放線菌　52,79,98,99
　──の分生子　98,99
ホタル
　──のルシフェラーゼ　70,71
　──のルシフェリン　70,71
ボツリヌス
　──菌(*Clostridium botulinum*, クロストリジウム・ボツリヌム)　98
　──中毒　98
　──毒素　98
母　乳　96
葡萄糸　44,45
ホモ・サピエンス(*Homo sapiens*)　73
ポリエン系抗生物質　35,36,110
ポリオウイルス　103
ホルマリン水溶液　21

ま 行

マイコプラズマ　2,26,29,35,36,79,89,107
マウスのL細胞　17
マグネシウム　61
マグネタイト(Fe_3O_4)　88

マグネトスピリルム属　52,53,85,86
　(*Magnetospirillum*)
マグネトスピリルム・マグネトタクチクム
　(*Magnetospirillum magnetotacticum*)　88
マグネトソーム　88
マスト(ブドウ果汁)　114
マツタケ　2,4,48
マトリックス　37
麻痺性痴呆症　108
マメ科植物　87
マラリア(四日熱──)　108
マンナン　48
ミクロコッカス(*Micrococcus*)属　52,53
ミコール酸　95
ミコバクテリウム(*Mycobacterium*)属　53,95,96,106
ミコバクテリウム・ツベルクロシス
　(*Mycobacterium tuberculosis*)　69,95,106
湖　130
みずむし　109
ミトコンドリア　29,30,36-38,42,43,47,48,117
ミュクソトリカ・パラドクサ　43
　(*Myxotricha paradoxa*)
ミラー(Miller, S.)　6
無菌室　18
無菌箱　18
ムコール・プシルス　45
　(*Mucor pusillus*)
虫　歯　97
ムレイン　──→　ペプチドグリカン
(光合成の)明反応　58
雌配偶子　45
メタノール　93

メタノサルキナ属　53,93
　　(Methanosarcina)
メタノサルキナ・バルケリ　92
　　(Methanosarcina barkeri)
メタノバクテリウム　93
　　(Methanobacterium)属
メタノバクテリウム・テルモアウトトロ
　　ピクム(Methanobacterium thermoautotrophicum)　92
メタン　63,93
　　——生成細菌　25,63,78,92,93,
　　——発酵　93
メチシリン　115,116
メチュラ　46
メチルアミン　93
滅　菌　21
綿　栓　10
䤝　114
モリブデン　87

や　行

薬剤耐性　122
山廃酒母　114
遊泳性胞子　44,45
有柄細菌　52-54
ユーグレナ　3,4,25,41,42
　　——用培地　16
ユーグレナ・グラキリス　42
　　(Euglena gracilis)
誘導期　67
ユーリー(Urey, H.)　6
ユエルシナ・ペスティス　106
　　(Yersina pestis)
ゆるい共生　88
溶存酸素　130
葉緑体　——　クロロプラスト
ヨーグルト　96

ら　行

酪　酸　98
　　——発酵　6
ラクトバチルス(Lactobacllius)属　96
ラクトバチルス・アキドピルス　96
　　(Lactobacllius acidophilus)
ラクトバチルス・デルブルエキイ亜種ブ
　　ルガリクス(Lactobacllius delbrueckii
　　subsp. bulgaricus)　96
らせん菌（スピリルム）　52,85
ラ　ミ　46
らん藻　——　シアノバクテリア
ラン銅鉱　119
リガーゼ　122,123
リケッチア(Rickettisia)　2,4,22,79,
　　80,101,109
　　——の培養　17
リケッチア・ツツガムシ　109
　　(Rickettisia tsutsugamushi)
リスター(Lister, J.)　7
リゾチーム　32,33
　　——で溶菌しないグラム陽性菌　96
リゾビウム(Rhizobium)属　87
リゾビウム・トリフォリイ　87
　　(Rhizobium trifolii)
リゾビウム・ファセオリ　87
　　(Rhizobium phaseoli)
リゾビウム・メリロティ　87
　　(Phizobium meliloti)
リゾビウム・レグミノサルム　87
　　(Rhizobium leguminosarum)
リゾピディウム・コウキイ　45
　　(Rhizophidium couchii)
リゾプス・ストロンフィエル　45
　　(Rhizopus stolonfier)
リボソーム　25,27,38,101

和文索引

リボソーム(70S)　26,27,29,30,35,36,
　　38,47,101,116,117,118
リボソーム(80S)　27,29,30,35,36,
　　47,116
リポタイコイン酸　31
リボヌクレアーゼ　77
硫　安　125,126
硫化水素　60,93,98,129-134
硫化物　119,120,129
流行性耳下腺炎（おたふくかぜ）　111
硫　酸　129,133,
　——塩　65,129,133,134
　——カルシウム(CaSO₄)　121,131,
　　134
　——還元菌　65,78,92,93,129,130,
　　134
　——呼吸　65
　——第二鉄　119
リュウゼツラン　92
緑色硫黄細菌　60,61,81-83
緑色植物　132
緑　藻　41,42,50
緑膿菌　→　*Pseudomonas aeruginosa*
淋　菌　34,115
　（この他 *Neisseria gonorrhoeae*）

リンゴ酸　62,83,
リン酸基　76
リン脂質　27-29,51
淋　疾　89,107
ルーフラスコ　11,12
ルゴール液　23
ルシフェラーゼ　70,71,92
レーウェンフック　5
　（van Leeuwenhoek, A.）
連鎖球菌　52
　（この他 *Stretococcus* 属）
連続培養　20,21
ロッキー山紅斑熱　108
ロドスピリルム属　53
　(*Rhodospirillum*)
ロドスピリルム・ルブルム　84
　(*Rhodospirillum rubrum*)
ロドバクテル・カプスラツス　84
　(*Rhodobacter capsulatus*)
ロドバクテル・スファエロイデス　84
　(*Rhodobacter sphaeroides*)
ロドプスードモナス・パルストリス
　(*Rhodopseudomonas palustris*)　84

わ 行

ワイン　1,113,114

■欧文索引

A

A（アデニン） 74
Acetobacter aceti 88
Acetobacter xylinum 88
Acetobacter 属 85
Actinoplanes 属 98, 99
ADP 55, 56
D-Ala 32, 34
L-Ala 32, 34
Alcaligenes 属 85
Amoeba proteus 43
AMP 71
d-AMP 75
Anabaena variabilis 81, 82
Anacystis nidulans 81
APS 65
Aquaspirillum 属 85, 88
Aspergillus flavus 110
Aspergillus nidulans 46
Aspergillus oryzae 46
ATP 29, 36, 41, 55-57, 62, 70, 71, 79, 81, 83, 93, 96
　——アーゼ 55, 56
　——合成酵素 66
　——生成の中間体 66
　——をつくるメカニズム 66
Azospirillum 属 85, 87
Azosprillum brasiliense 87
Azotobacter vinelandii 86
Azotobacter 属 85

B

Bradyrhizobium japonicum 87

Bacillus 属 52, 53, 74, 97
Bacillus pyocyaneus 74
Bacillus subtilis 23, 97
BCG 95
Beggiatoa 属 132
Beijerinch, Martinus Willem 8
Bifidobacterium bifidum 96
Bifidobacterium 属 96
Bradyrhizobium 属 85, 87
Brevibacterium flavum 118
Buchner, Eduard 7

C

C（シトシン） 74, 76
$CaSO_4$ 131, 134
Caulobacter 属 52-54
Caulobacter rosette 53, 54
Cephalosporium acremonium 115
Chlamydia pneumoniae 109
Chlamydia trachomatis 109
Chlamydomonas reinhardtii 42
Chlorella rellipsoidea 42
Chlorobium limicola 82
Chlorobium limicola f. *thiosulfatophilum* 83
Chromatium vinosum 82, 83
Clostridium botulinum 98
Clostridium butyricum 98
Clostridium kluyveri 98
Clostridium perfringens 109
Clostridium tetani 98, 108
Clostridium 属 97, 98
d-CMP 75

欧文索引

CO_2　57,58,60,62-66,84,93
Corynebacterium 属　52,53
Corynebacterium diphtheriae　96,106
Corynebacterium glutamicum　118
Crede 法(または Crede 点眼)　107
CsCl　77

D

Desulfotomaculum 属　97,98
Desulfovibrio 属　53,65,92,93,98
Desulfovibrio vulgaris　93
DMS　129
DNA　5,25,,26,29,30,37,47,74,
　　75,77,80,101,121
　　――の二重らせん構造　75,76
　　――リガーゼ　122,123
　　ゲノム――　74,123
　　自立複製性の染色体外環状――　122

E

EcoR1　122
EDTA　33
Escherichia coli　23,69,73,77,91,122
Escherichia 属　91

F

Fe^{2+}　90,119-121,134
Fe^{3+}　90,119,121,134
Fe_3O_4　88
FeS_2　129,134
Fleming, Alexander　114
FMN　92

G

G(グアニン)　74,76

G+C 含量　74,77
Gallionella ferruginea　90
D-Glu　32,34
Gly　32,34

H

H_2　63,84
H_2S　60,65,89,93,129,130-134
H_2SO_4　60,129,133,134
HNO_2　126,128
HNO_3　126,128
Homo sapiens　73

K

KNO_3　127
Koch, Robert　7

L

Lactobacllius acidophilus　96
Lactobacllius delbrueckii subsp. *bulgaricus*　96
Lactobacllius 属　96
Lister, Joseph　7
L-Lys　32,34

M

Magnetospirillum 属　52,53,85,88
Magnetospirillum magnetotacticum　88
Methanobacterium thermoautotrophicum　92
Methanobacterium 属　93
Methanosarcina 属　53,93
Methanosarcina barkeri　92
Micrococcus 属　52,53
mRNA　25,26,29,30

MRSA 96
Mucor pusillus 45
Mycobacterium 属 53, 95, 96
Mycobacterium avium 95
Mycobacterium bovis 95
Mycobacterium leprae 95
Mycobacterium tuberculosis 69, 95, 106
Myxotricha paradoxa 43

N
N_2 1, 125, 126
NAD 60
NAD^+ 58-60, 66
$NAD(P)^+$ 60
NADH 59, 60,
NAD(P)H 36, 60, 63
NADP 59
$NADP^+$ 58-60
NADPH 29, 36, 58-60
Neisseria gonorrhoeae 89, 107
Neisseria 属 85
NH_3 86, 90, 93, 126, 128
NH_4^+ 126
Nitrobacter winogradskyi 69, 90
Nitrosomonas europaea 90
NO 128
NO_2 128
NO_2^- 63, 126
NO_3^- 63, 64, 126
Nocardia 属 53
Nostoc muscorum 81
N-アセチルグルコサミン 27, 32, 33, 34
N-アセチルムラミン酸 27, 32, 33, 34

O
O_2 58, 60, 63, 64, 133
O_2を発生する光合成 57, 58, 81, 82
——微生物 58

P
Paracoccus 属 51, 52, 85
Pasteur, Louis 5
PBP 115
Penicillium chrysogenum 115
Penicillium notatum 46, 114
Photobacterium phosphoreum 91, 92
Phytophthora infestans 47
Pyricularia oryzae 46
Pneumocystis carinii 107
PPi 71
Pseudomonas 属 52, 53, 74, 85
Pseudomonas aeruginosa 74, 86
Pseudomonas pyocyanea 74
Pyrobaculum islandicum 80
Pyrodictium occultum 80

R
Rhizobium leguminosarum 87
Rhizobium melioti 87
Rhizobium phaseoli 87
Rhizobium trifolii 87
Rhizobium 属 87
Rhizophidium couchii 45
Rhizopus stolonfier 45
Rhodobacter capsulatus 84
Rhodobacter sphaeroides 84
Rhodopseudomonas palustris 84
Rhodospirillum 属 53
Rhodospirillum rubrum 84

欧文索引

Rickettisia prowazekii 109
Rickettisia tsutsugamushi 109
RNA 5,25,26,74,80,101
  16S r―― 83

S

^{32}S 130
^{32}S/^{34}S 比(=22.21) 130
^{34}S 130
Saccharomyces cerevisiae 48,113
Salmonella typhi 91,105
Sarcina 属 52,53
Serratia marcescens 91
Shigella dysenteriae 91,106
SO$_2$ 129
SO$_4{}^{2-}$ 65,89,93,129,134
Spirillum 属 52,53
Spirohaeta 属 52
Spirulina platensis 81
Staphylococcus 属 52,53
Staphylococcus aureus 77,**96**
Streptococcus mutans 97
Streptococcus pneumoniae 107
Streptomyces 属 52,53,79,98,99
Streptomyces aureofaciens 117
Streptomyces griseus 98,116
Streptomyces rimosus 117
Streptomyces venezuelae 118
Streptosporangium 属 98,99

T

T (チミン) 74,76
Tetrahymena pyriformis 43
Thiobacillus ferrooxidans 90,119-121
Thiobacillus neapolitanus 89

Thiobacillus novellus 90
Thiobacillus thiooxidans 89
Thiobacillus 属 132
T_m 77
d-TMP 75
TMV 4
Treponema pallidum 108
Trichophyton mentagraphytes 109
Trichophyton rubrum 109
Trypanosoma brucei 43
T 偶数系ファージ 101,102
T 系ファージ 103

U

Urey, Harold 6

V

van Leeuwenhoek, A. 5
Vibrio 属 52,53
Vibrio cholerae 91,105
Vibrio natriegenes 69

W

Waksman, Salman Abraham 116
Winogradsky, Sergei Nikolaevitch 8

Y

Yersina pestis 106

Z

Zymomonas mobilis 91,92
Zymomonas 属 92

ギリシャ

β-ラクタム系抗生物質　115
γ-DL-グルタミン酸重合体　98
λファージ　103
Φ6ファージ　103

著者略歴

山 中 健 生
（やま　なか　たて　お）

1955 年	大阪大学理学部生物学科卒業
1960 年	大阪大学大学院理学研究科博士課程生物化学専攻修了，理学博士
	大阪大学理学部助手
1969 年	大阪大学理学部助教授
1982 年	東京工業大学理学部教授
1991 年	東京工業大学生命理工学部教授
1993 年	東京工業大学名誉教授
	日本大学理工学部教授
2002 年	日本大学退職
	現在に至る

主要著書

入門生物地球科学（学会出版センター）
微生物のエネルギー代謝
　　　　　　　　　　（学会出版センター）
The Biochemistry of Bacterial Cytochromes
　（Japan Scientific Societies Press/Spring-Verlag）
呼吸酵素の生化学（共立出版）
生化学入門（学会出版センター）
独立栄養細菌の生化学（アイピーシー）
環境にかかわる微生物学入門
　　　　　　　　　（講談社サイエンティフィク）
微生物が家を破壊する（技報堂出版）

Ⓒ　山中健生　2001

2001 年 5 月 7 日　　初　版　発　行
2022 年 3 月 25 日　　初版第15刷発行

微生物学への誘い

著　者　山 中 健 生
発行者　山 本 　 格

発 行 所　株式会社　培　風　館

東京都千代田区九段南 4-3-12・郵便番号 102-8260
電 話(03)3262-5256(代表)・振 替 00140-7-44725

新富印刷組版・東港出版印刷・牧 製本

PRINTED IN JAPAN

ISBN978-4-563-07767-9　C3045